无公害蔬菜病虫害防治实战丛书

番茄疑难杂症图片对照诊断与处方

第 3 版

孙茜　潘阳 主编

中国农业出版社

图书在版编目（CIP）数据

番茄疑难杂症图片对照诊断与处方/孙茜，潘阳主编．—3版．—北京：中国农业出版社，2015.11（2024.9重印）

（无公害蔬菜病虫害防治实战丛书）

ISBN 978-7-109-21137-7

Ⅰ.①番… Ⅱ.①孙… ②潘… Ⅲ.①番茄－病虫害防治 Ⅳ.①S436.412

中国版本图书馆CIP数据核字（2015）第265095号

中国农业出版社出版

（北京市朝阳区麦子店街18号楼）

（邮政编码 100125）

责任编辑 张洪光 阎莎莎

北京中科印刷有限公司印刷 新华书店北京发行所发行

2016年1月第3版 2024年9月第3版北京第10次印刷

开本：880mm×1230mm 1/32 印张：4

字数：90千字

定价：29.00元

（凡本版图书出现印刷、装订错误，请向出版社发行部调换）

编 著 者

主　编　孙　茜　潘　阳

副主编　潘文亮　王娟娟

　　　　马广源　赵春年

　　　　张尚卿　张家齐

　　　　白凤虎

参　编（以姓氏笔画为序）

　　　　马门宗　王吉强

　　　　孙祥瑞　严　平

　　　　李丽娟　张付强

　　　　张英妹　张建峰

　　　　张艳华　罗宗洪

　　　　郄东翔　徐文亭

　　　　郭志刚　韩　鹏

第2版编写人员

主　　编　孙　茜
副 主 编　潘文亮　于凤玲　戴东权
参　　编（以姓氏笔画为序）

王幼敏　史明静　刘俊田　孙锡生
李丽娟　李劲松　宋建新　张凤国
张尚卿　郄东翔　袁文龙　袁章虎
聂承华　董灵迪　潘　阳　冀玉林

第1版编写人员

主　　编　孙　茜
副 主 编　丁　军　潘文亮　袁章虎
　　　　　戴东权　于凤玲
参　　编（以姓氏笔画为序）

卫庆宅　王玉宏　王守军　王建威
毛向宏　申彦平　冯秀华　刘俊田
李术臣　李丽娟　李劲松　李贤军
张凤国　张付强　周夫辰　赵林洪
赵崇新　聂承华　贾海民　柴同海
朗俊明　董树启　韩秀英　雷冬侠
冀玉林
技术顾问　马志强

再版序言

"无公害蔬菜病虫害防治实战丛书"自 2005 年出版以来，得到了河北省乃至全国广大菜农和技术人员的广泛关注和喜爱，为正确诊断蔬菜病虫害、科学准确使用农药和推进蔬菜产业健康快速发展发挥了十分重要的作用。

目前，蔬菜产品的质量安全是社会和消费者关注的热点之一，正确应用高效低毒农药防控蔬菜病虫害，是保证蔬菜产品质量安全的关键环节。多年以来，孙茜研究员长期深入蔬菜生产基地，融入广大菜农中间，共同深入研究探讨，反复多次试验示范，并从生产实践中整理总结出了非常宝贵的新经验、新点子、新方法、大处方、小处方、防治历等多种好技术，应用效果好，实用性非常强，是解决蔬菜生产中病虫害技术问题的"神方妙法"，是解决蔬菜生长异常难题的"灵丹妙药"。

"无公害蔬菜病虫害防治实战丛书"的修订再版，又融入了许多新的内容、新的技术、新的方法和新的农药品种。该书的特点是文字简洁凝练，内涵丰富，图文并茂，白话叙述，一看就懂，简单易学，是菜农和技术人员离不开手的技术工具。该书的再版，必将为蔬菜产品质量安全水平提升、蔬菜产业提质增效发挥更大的技术指导作用。

河北省蔬菜产业发展局调研员

农业部蔬菜专家技术指导组成员　王振庄

中国蔬菜协会副会长

2015年7月

前　言

　　蔬菜在人们的生活中占有非常重要的地位。蔬菜产业也已经是中国农民重要的致富行业。"无公害蔬菜病虫害防治实战丛书"作为无公害蔬菜生产的指导用书，自2005年出版发行后，受到广大菜农和一线技术人员的好评。得到了菜农的广泛认可和实践验证。他们纷纷来电来信通报按照该书防治大处方操作后取得的丰收喜讯。在我身边有遍布全国的菜农粉丝和新技术的示范农户。这套丛书也已经印刷了数次，发行80余万册。并得到了同行专家的肯定，2008年获得了"中华农业科技奖科普图书奖"、2009年获得河北省优秀科普资源二等奖。源源不断的菜农朋友们的喜讯和奖励荣誉，让我作为一个科技推广人员多了一份忐忑，更感到自身的责任和义务。

　　随着设施蔬菜种植面积的迅速扩大和经济效益的逐年增长，以及无公害或绿色蔬菜生产的需要，蔬菜生产一线各种问题也在增多，设施蔬菜的连茬、重茬种植以及农药和化肥施用的不规范，仍然是蔬菜生产中的重要问题。种植模式多种多样致使病害种类繁多、发生情况更加复杂。当前，蔬菜安全生产和绿色农业战略是我国农业和蔬菜产业发展的总趋势。在责任编辑的邀约下，我把近期承担的绿色蔬菜生产技术集成项目与菜农共同示范完成的"绿色蔬菜病虫害保健性防控新技术"编入修订书稿中，把近期生产实践中获得的新经验、新点子、新方法、小处方收集整理编入修订书稿中，把农药新品种、改良土壤连茬障碍和盐渍化新配方、近期发生的新病害救治技术等内容编入修订书稿中，同时保持前两版技术简便，易学、好操作的风格。这套丛书仍然是以绿色农业和生产无公害蔬菜为宗旨，以保障菜农丰产丰收为目标，从目前职业菜农种植实战需求出发，对不易诊断的病害问题，对非典型和疑似病害进行辨别、分析，提出解决问题的办法，给出救治方案。

在丛书修订再版之际，衷心感谢河北科技菜农俱乐部的科技菜农团队给予的病虫害绿色防控技术方案的示范验证，感谢他们的生产一线工作经验和体会的分享。感谢在试验示范中提供蔬菜种子、农药的企业单位。有了这些丰富的田间一线的工作经验和体会，才有了更贴近生产一线的符合当前蔬菜安全生产和农药减量控害要求的实际操作技术。企盼这套丛书成为菜农朋友、蔬菜园区技术人员实用的致富工具。

孙茜

2015年7月

目 录

写在前面的话

随着设施蔬菜种植面积的快速发展和种植模式的增加，设施蔬菜的连作、重茬和农药、化肥使用的不规范，使得菜农致富愿望与现实相悖。蔬菜产业原本种植种类和种植模式繁多、茬口叠加交叉使生产中的病害种类繁多、情况复杂。蔬菜价格高时，农民对蔬菜大水大肥伺候，病虫害发生时舍得所有好药、贵药一起用，与当今消费者对绿色、安全、优质、低农残的要求相去甚远。往往是品种改变了、设施设备先进了、施肥水平上去了，但是病虫害防治水平仍然停留在原处。预防舍不得用好药，发病后却拼命用好药、重复用药、大量混合用药。生产中的主要问题如下：

1. 老菜农凭经验，任意加大用药量和盲目混用药剂，随意缩短安全间隔期，使得蔬菜生长在"治病也致命（残）、致畸"的环境里，如图1。长期落后的栽培措施和病虫害防治手段与优良品种的种植要求不相适应。防治用药现状乱、混、杂现象仍很严重。

2. 多元有效成分桶混防病时，忽略了对蔬菜生长的安全性，造成药害、肥害，对蔬菜瓜果的生产危害性极大。也给不法农

图1 多种药剂混喷后造成的番茄植株叶片皱缩和僵硬

资经销商经营假药、次药以可乘之机。他们为图一己之利欺骗（忽悠）新菜农，开出 4～5 种药剂混用的大药方，以极不科学的混配手段防病，诱使新菜农多用药、混用药，造成植株落花落果，药害现象非常普遍，如图 2 和图 3。

图2　激素蘸花过剩造成的畸形果

图3　不科学的桶混喷药造成的烧花

　　3. 落后的病虫害防治理念与无公害设施蔬菜施药技术不相适应，施药时忽略了天气环境、生长期等因素。比如在昼短夜长、弱光环境下不考虑植株生长现状、恶劣条件和药剂吸收渗透的规律，施药剂量仍然不减，一个浓度用到底，常造成植株药剂过量后的生长矮化畸形，如图 4。甚至加入增效剂致使叶片渗透作用加快，引发叶片功能性衰竭枯死斑，如图 5。

　　4. 打药万能论。缺素症和肥害与病害混淆，不论什么原因，有病或有异常就喷药。菜农缺乏病虫害防治的基本知识，保秧护果意识强，唯恐蔬菜得病。一旦发病则拼命喷药，有时仅仅发生一种病害，也要加几种治疗其他病害的药剂一起喷，使得蔬菜植株像披上一层厚厚的药衣，如图 6，经常有药剂附着在叶片表面，无疑会影响光合作用和植株的转化营养功能，重者会造成叶片褪绿或硬化脆裂，如图 7。

　　随着反季节多种种植模式栽培番茄大面积的增加，使得各种病害随着季节差异、气候差异和用药混乱而产生不典型

图4 低温环境下药剂过量造成的
叶片皱缩

图5 增效剂造成的叶片渗透
灼伤斑点

图6 身披一层厚重药粉
的番茄植株

图7 药剂过剩使植株矮化，叶片增厚

无公害蔬菜病虫害防治实战丛书

症状，以致难以辨认。我们在为菜农进行病害咨询、指导培训中，直接面对上述问题，经历了从单一病害的识别诊断、农业措施防治及农药补救的较专业化的辅导，到将复杂的病、虫、草、药、寒、盐、冻、涝害等植株症状相区别，并将植保技术简单化、系列化、方案化（处方化）的指导历程。近几年，我们又将番茄救治方案（大处方）提升到保健性防控整体技术方案并取得了成功，并接受了国家果类农副产品质量监督检验中心的检测，符合农业行业标准NY/T 655—2012。总结收集整理科技示范户生产中的成功经验（图8）和归纳相关知识后，我们改编了这本小册子，愿该书的出版能为菜农提供更大的帮助。

图8　设施番茄保健性防控方案下的生长景象

一、番茄生长异常的诊断

（一）田间诊断应考虑的因素及求证步骤

蔬菜病害田间诊断是农业综合技能的体现。科研与推广人员的诊断区别在于前者可以取样返回实验室培养、分离镜检后再下结论。它的准确率高，出具的防治方案针对性强，但时间缓慢，与生产要求的"急诊"不相适应。田间的诊断则不一样，必须在第一时间内初步判断症状的因由，并给出初步的救治方案，然后再根据实验室分析鉴定修正防治方案。因此，判断病、虫、药、肥、寒、热害等应注意如下程序步骤和因素。

1. 观察：观察应从局部叶片到整株，应观察病症植株所处位置，或设施棚室所处的位置以及栽培模式、相邻作物种类、栽培习惯等。看一个棚室或一块田地可能看到一种症状，看到一种现象。观察几个乃至十几个棚室则能发现一种规律。所看到的症状有自然的也有人为造成的。

2. 了解：向种植户了解：①土壤环境状态，包括土壤营养成分、施肥情况、盐渍化程度（图9）；②菜农的栽培史，是否连茬连作、连茬年数、上茬作物种类等；③农药使用情况，包括除草剂使用情况、使用农药的剂量、农药存放地点（图10）等；④种植的品种，以及品种特征特性，比如耐寒、耐热、对药剂和环境的敏感性，看其是否适合当地的季节（气候）特点及土壤特点。随着新特蔬菜品种的引进、推广和种植，各

图9 反复施入化肥的盐渍化的土壤表面

图10　除草剂2,4-滴丁酯棚室存放造成秧苗熏蒸药害

品种的抗高温性、耐热性及耐寒性、耐弱光性等不尽相同（图11、图12）。一个品种的特征特性决定了所要求的环境条件、栽培方法、密度等。

图11　硬果型番茄感染灰霉病时表现为鬼脸斑

图12　因品种不耐高温而裂果

　　3. 收集：由于有些菜农在预防病害时把三四种农药混于1桶水*中喷施，或将杀菌剂、杀虫剂、植物生长调节剂混用，或又有假、劣药充斥其中，三五天喷一次，蔬菜生存受到威胁、生长受到限制，产生异常症状。因此，诊断时一定收集、排查农民使用过的农药袋子（图13），以帮助我们辨真假，看成分，查根源。

　　4.求证：由于追求高产，人们往往是有机肥不足化肥补。生产中常有将未腐熟的鸡粪、牲畜粪直接施到田间的现象，产生有害气体熏蒸作物造成危害。施用冲施肥不是均匀撒在垄中而是在入水口随水冲进畦里（图14），造成烧根黄化以及土壤盐渍化。因此，诊断蔬菜生长异常时，需求证土壤基肥、追肥、

　　　　―――――――――
　　＊　1桶水为1喷雾器水＝15升水。全书同。

图13 收集菜农使用过的药袋
子作为诊断依据

图14 菜农随水加入不等量的
冲施肥混冲

冲施肥的使用情况，单位面积用量及氮、磷、钾、微肥的有效含量、生产厂商及施肥习惯等。

5. 咨询：经过上述观察、了解、收集、求证后，还要咨询所在区域季节气候，包括温度、湿度、自然灾害的气象记录，这对诊断很有必要。突发性的病症与气候有直接的关系，如：下雪、大雾、连阴天、多雨、突降霜冻及水淹等。在诊断时应该充分考虑到近期的天气变化和自然灾害（图15）因素。

6. 排查：在诊断蔬菜生长异常时，人为破坏也是应考虑的因素。现实生活中经常会因经济利益或家族矛盾而发生人为破坏的现象，有的喷施激素（植物生长调节剂）甚至除草剂损坏他人的蔬菜生产（图16）。因此，应调查村情民意，排除人为破坏也应为诊断的必要步骤。

图15 突降大雪压塌的棚室

图16 将灭生性除草剂百草枯
人为喷施到玉米上

无公害蔬菜病虫害防治实战丛书

7. 验证：在初步确定为侵染性病害后，应采取病害标本带回实验室或请有条件的单位进行分离、鉴定，确定病原种类，进一步验证田间作出的判断。

（二）田间诊断应涉及的范围

在生产中，蔬菜发生一种异常现象不同专业背景的科技人员会有不同的判断或救治方法。有时受学科限制会对异常现象给予单一的解释，实际上一种异常现象可能是多种因素综合作用的结果。在自然环境中，栽培方式、种植管理、防治病虫害用药手段、天气、肥料施用等各种因素综合作用的复杂条件下，诊断蔬菜生长异常涉及如下范围，可以逐步排除。

首先应判断是病害？还是虫害？或是生理性病害？

（1）由病原生物侵染引起的植物不正常生长和发育所表现的病态，常有发病中心，由点到面……………… 病害

①蔬菜遭到病菌侵染，植株感病部位生有霉状物、菌丝体并产生病斑……………………………………… 真菌病害

②蔬菜感病后组织解体腐烂、溢出菌脓并伴有臭味 ……………………………………………………… 细菌病害

③蔬菜感病后引起畸形、丛簇、矮化、花叶皱缩等症并有传染扩散现象……………………………… 病毒病害

④植株生长衰弱，显示营养不良。叶片、茎秆没有病原物。拔出根系，根部长有根瘤状物……………… 线虫

（2）有害昆虫如蚜虫、棉铃虫等刺吸、啃食、咀嚼蔬菜引起的植株异常生长和伤害现象，无病原物，有虫体可见……………………………………………………… 虫害

（3）受不良生长环境限制以及天气、种植习惯、管理不当等因素影响，蔬菜局部或整株或成片发生的异常现象，无虫体、病原物可见……………………………… 生理性病害

①因过量施用农药或误施、飘移、残留等因素造成的蔬菜生长异常、枯死、畸形现象……………………… 药害

a. 因施用含有对蔬菜花、果实有刺激作用的杀菌剂造成的落花落果以及过量药剂所导致的植株及叶片畸形现象………………………………………………………………………… 杀菌剂药害

b. 因过量和多种杀虫药剂混配喷施所产生的烧叶、白斑等现象………………………………………… 杀虫剂药害

c. 超量或错误使用除草剂造成土壤残留，下茬受害黄化、抑制生长等现象，以及喷施除草剂飘移造成的近邻植株受害生长畸形现象………………………………………… 除草剂药害

d. 因气温高，或用药浓度过高、过量或喷施不适当造成植株畸形、果实畸形、裂果、僵化叶等现象…………………………………………………………………… 植物生长调节剂药害

②因偏施化肥，造成土壤盐渍化或缺素，导致植株烧灼、枯萎、黄叶、化瓜等现象………………………………… 肥害

a. 施肥不足，脱肥，或过量施入单一肥料造成某些元素被固定，植株长势弱或褪绿、黄化、果实着色不良或畸形等现象……………………………………………… 缺素症

b. 过量施入某种化肥或微肥，或环境污染造成的某种元素过多，植株营养生长过盛、叶色过深或颜色异常、果实生长异常，或植株生长停滞等现象………………… 元素中毒症

③因天气的变化、突发性气候变化造成的危害 ……………………………………………………………………… 天气灾害

a.冬季持续低温对蔬菜生长造成生长障碍，植株叶片低垂外翻，或叶片皱缩………………………………… 寒害

b.突然降温、霜冻造成植株紫茎，果实蜡样透明及叶片紫褐色枯死…………………………………………… 冻害

c.因持续高温致使植株蒸腾过量，营养运输受阻，生长衰弱，叶片黄化，疱状外翻………………………… 热害

d.阴雨放晴后的超高温强光造成枝叶脆裂和白化灼伤…………………………………………………………… 灼伤

e.暴雨、水灾后植株长时间泡淹造成黄化和萎蔫… 淹害

二、番茄病害典型与非典型、疑似病症的诊断与救治

许多菜农告诉我们，在种植中发生的病害症状与一些教科书中的典型症状并不是很相像，待症状典型了，救治也晚了，抢救时机已经非常被动了，损失在所难免。菜农往往在发病初期的病症甄别上举棋不定，用药时就会把许多药掺和在一起喷，以求多效广防，保住秧苗。但常常事与愿违，花钱多，效果差。如果掌握了识别病症的技巧，辨别了病害种类，就会变被动防治为针对性治疗。既争取了时间，又节省了成本。下面介绍番茄主要病害的典型、非典型症状及疑似病症的诊断与救治方法。

猝 倒 病

【典型症状】猝倒病是番茄苗期的主要病害。幼苗感病后茎基部呈水渍状软腐并倒伏，即猝倒。番茄苗初感病时呈暗绿色，如图17，感病部位逐渐缢缩，病苗成片折倒死亡，如图18，染病后期茎基部变成黄褐色干枯，如图19。

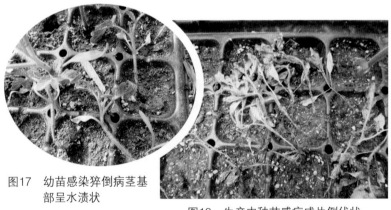

图17 幼苗感染猝倒病茎基部呈水渍状

图18 生产中秧苗感病成片倒伏状

【疑似症状】番茄秧苗茎基部呈黑褐色，虽有缢缩但没有水渍状，感病部位在地表之下，秧苗呈现脱水性萎蔫，如图20，应诊断为苗期立枯病。秧苗茎基部缢缩变暗黑腐烂。地表以下根全部呈黑褐色病变，如图21，根部逐渐失去吸收功能后死

图19　染病后期茎基部变成黄褐色干枯

亡，不脱水萎蔫，只是倒伏，应诊断为茎基腐病。

图20　疑似猝倒病的立枯病秧苗

图21　疑似猝倒病的茎基腐病秧苗

【发病原因】病菌主要以卵孢子在土壤表层越冬，条件适宜时产生孢子囊释放出游动孢子侵染幼苗。通过雨水、浇水和病土传播，带菌肥料也可传病。低温高湿条件下容易发病，土温10～13℃，气温15～16℃病害易流行发生。播种、移栽或苗期浇大水，又遇连阴天低温环境发病重。

【救治方法】

农业防治：清园，切断病害传播途径。穴盘育苗尽量采

用未使用过的蛭石或灭菌消毒的专用育苗基质营养土，或用大田土和腐熟的有机肥配制育苗营养土。严格限制化肥用量，避免烧苗，或采用配制好的营养块育苗方法。合理分苗、密植，控制湿度是关键。注意降低棚室湿度。苗床土注意消毒及药剂处理，如图22。

图22　营养土及药土配制

药剂救治：

（1）种子药剂包衣：选6.25%精甲霜灵·咯菌腈悬浮剂10毫升，对水150～200毫升包衣3～4千克种子，可有效地预防苗期猝倒病和其他苗期病害。

（2）苗床土药剂处理：取大田土与腐熟的有机肥按6：4混匀，并按每立方米苗床土加入68%精甲霜灵·锰锌水分散粒剂100克和2.5%咯菌腈100毫升拌土一起过筛混匀。处理过的土装入营养钵或做苗床土表土铺在育苗畦上，种子包衣播种覆土后用68%精甲霜灵·锰锌水分散粒剂600倍液进行土壤封闭。

（3）药剂淋灌：可选择68%精甲霜灵·锰锌水分散粒剂500～600倍液（折合每100克药对3～4桶水），或72%霜霉威水剂800倍液等对秧苗进行淋灌或喷淋。

茎基腐病

【典型症状】茎基腐病是秧苗移栽田间后从缓苗到生长期经常发生的病害。茎基腐病菌在苗期侵染，定植时因伤根生长势较弱发病逐渐加重。茎秆基部接触地面部位缢缩后变暗黑腐烂，如图23。拔出病苗，根系良好，只是接触地表部位病变，如图24。因茎秆基部输导组织感病，秧苗出现营养供应不足，逐渐萎蔫死亡。在生产中保护地和越夏种植的番茄均有发生。此病主要与栽培方式、施肥的腐熟程度、浇水时间及水量有

图23　感染茎基腐病秧苗的症状　　图24　植株茎基部褐变坏死

关。定植后的缓苗期易感病，除茎基部变褐黑色坏死外，病部
以上叶片变黄褐色，逐渐枯死，叶片多残留在枝上不脱落，如
图25。

【疑似症状】苗期茎基腐病容易与猝倒病混淆。虽然它们
均是出土后发病、茎基部感病，但是猝倒病幼茎基部呈水渍
状，黄褐至暗绿色，随后软化腐烂，病茎缢缩，幼苗倒折，如
图26。猝倒病比茎基腐病倒折速度要快，病重时成片倒伏，
损失惨重，防治上可以参考茎基腐病的防治方法。

【发病原因】此病病原为腐生疫霉菌，卵孢子随病残体越

图25　茎基部变褐黑色，
茎和叶片黄褐色，
不脱落

图26　疑似茎基腐病的猝倒病番茄苗（病茎
水渍状，幼苗倒伏）

冬。高温、高湿、多雨、低洼、黏重的土壤条件下发病重。病菌通过浇水、雨水传播蔓延，进行再侵染。平畦定植番茄、漫浇大水，加之使用未腐熟的有机肥，使病菌随水污染秧苗；定植时浇水温差大，夏季气温较高，秧苗长时间在炎热高温和污水环境下浸泡和水汽熏蒸，造成茎基腐病大发生。严重的损失3～4成秧苗，造成缺苗断垄，毁种现象普遍发生。

【救治方法】

生态防治：

（1）高垄栽培，浇水时浸浇小水。高温季节采用高垄栽培，如图27，浇水避免井水的冷刺激，井水从沟中浸水到垄上，水温会缓和许多，不会造成秧苗茎秆基部的温度剧烈刺激，降低幼苗的抗病性，也不会因受浸泡而感病。

图27　高垄栽培模式

（2）把好浇水关：定植早晨早浇水。越夏种植的番茄，一般定植时间多在7月下旬或8月初。此时正值北方的高温盛夏季节，棚室的温度可高达60℃左右，低温也在50℃左右，土壤温度一般高于40℃，而抽上来的井水温度一般在15℃左右，中午浇水会对定植的秧苗造成直接冷刺激，对本已因移栽而易受损害的幼嫩秧苗造成更大的刺激，病菌就会乘虚而入。因此越夏栽培的浇水可尽量提早在清晨，以减少温差。早春栽培的应尽可能棚膜晒水提温浇苗。

（3）基肥深施入土：将腐熟好的有机肥与秸秆等一起深施入土，耙好，不要让有机肥，尤其是没有腐熟好的圈肥暴露在土壤表层，它会因高温产生有害气体对秧苗造成危害和污染。如果农家肥腐熟不彻底，建议每667米²加入腐菌酵素2千克随水浇入沟畦中，加速腐熟，减少病菌，缓解因不腐熟肥带病菌对秧苗的感染。

（4）清除病残体，及时清理感病植株和病叶，带出棚室集中烧毁或深埋。

（5）及时排水，小水勤浇，严禁大水漫灌。建议高垄栽培，铺设滴灌设备。棚外排水沟联通区域总排水渠，降低雨季积水风险。

药剂防治：

（1）营养土消毒：配方参考猝倒病救治方法。

（2）移栽前淋灌或浸盘：除在育苗时配好消毒苗床土防治茎基腐病及苗期病害外，在移栽至田间前应对定植苗进行预防用药。对苗盘育苗的番茄可以用配好的68%精甲霜灵·锰锌水分散粒剂600倍液进行浸盘浸根防治，即将配好的药液放置在一个大盆或开放的方形容器里，如图28，将苗盘放置盆中浸泡3～5秒（菜农田间浸药时间掌握方法：端穴盘浸入配好药液的药盆中心，默数三

图28　穴盘浸药方式

次"一个苹果"，时间基本合适），以药液浸透为宜，即充分吸取药液后即可移栽。最好在移栽前淋灌，主动预防，效果也很理想。

（3）定植前的土壤表面药剂处理：配制68%精甲霜灵·锰锌水分散粒剂500倍液，或72%霜脲·锰锌可湿性粉剂800倍液，或25%双炔酰菌胺悬浮剂1 000倍液，或72.2%霜霉威水剂600倍液，或66.8%缬霉威·丙森锌可湿性粉剂800倍液等喷雾或淋灌。对定植田间的定植穴坑进行土壤表面封闭喷施，如图

图29 定植前对土壤进行杀菌剂封闭灭菌操作

29，而后进行秧苗定植，这种方法是当前菜农科技示范户生产操作中最有效的防控茎基腐病（黑根黑脚脖病）的经验。

（4）发病后的救治：保苗救秧。可选用68%精甲霜灵·锰锌水分散粒剂600倍液，或68.75%氟吡菌胺·霜霉威悬浮剂800倍液+25%嘧菌酯悬浮剂3 000倍液淋喷。

灰 霉 病

【典型症状】番茄灰霉病是设施番茄冬、春季节栽培发生的重要病害之一。灰霉病一般从叶缘尖端开始发病，呈典型V形病斑，向内轮纹状扩展延伸，如图30，湿度大时病斑处会长出霉菌，如图31，同时为害花、果实。病菌在花期侵染后残留在柱头上或花瓣上（图32），继而向果面、果柄扩展，重

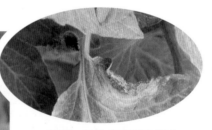

图31 叶片病斑长出霉层

图30 感染灰霉病的叶片病斑呈轮纹状

图32 灰霉病菌残留在花瓣和柱头上

图33 番茄叶柄感染灰霉病呈褐色病斑

图34 染病的青果呈灰白色软腐

症植株病菌会侵染叶柄呈现大块褐色病斑，如图33。染病的青果呈灰白色软腐，如图34。重度感染的病果腐烂，病部长出浓密的霉状物，如图35。

图35 重度感染的病果生出霉菌

【非典型症状】近年来，随着国外硬果型番茄品种的引入，大红色或粉色硬果番茄的种植比例逐年增加，这种汁液少、果肉多的番茄品种感染灰霉病的症状特点与国内常规品种不同。硬果型番茄感染灰霉病，病菌从果皮直接侵染，青果时形成外缘有一个白色晕圈、中间绿色、直径 3～8 毫米的圈形"鬼脸斑"，如图36。感病果实成熟后病斑处与果实不同步转色，形成人们常见的"鬼脸斑"，如图37。有时病斑并不是先从叶缘开始侵染，也没有呈现V

图36 青果期感病呈"鬼脸斑"

图37 "鬼脸斑"病果转色期症状

无公害蔬菜病虫害防治实战丛书

图38　病斑不呈V形的带有轮纹状
　　　浅褐色病斑的叶片

形病斑，冬季棚膜水滴常伴有病菌而从上而下感染叶片。感染叶片呈轮纹状浅褐色斑，病斑圆形或不规则形，但轮纹清晰，颜色为浅褐色，如图38。

【疑似症状】

（1）叶片上从接近叶缘处开始发病，似V形褐色病斑，如图39，但是果实没有软腐性腐烂和霉菌。查看植株和叶柄处有黑褐色坏死，应诊断为晚疫病造成的枯死病斑，救治方法参照晚疫病。

（2）病斑圆形，接近叶缘处发生，深褐色，有轮纹，如图40，只是病斑颜色与灰霉病不同，再查看栽培发病条件，早疫病的发病适宜环境是强光、高湿，常在温度略高情况下发生，因此应诊断为早疫病。灰霉病是弱光、低温、高湿条件下发生，与早疫病有所区别。

图40　疑似灰霉病的早疫病叶片

图39　疑似灰霉病V形斑的晚
　　　疫病叶片

【发病原因】灰霉病菌以菌核或菌丝体、分生孢子在病残体上越冬、越夏。病原菌属于弱寄生菌，从伤口、衰老的器官和花器侵入。番茄蘸花后不易脱落的花瓣、柱头是容易感病的部位，致使果实感病软腐。花期是灰霉病侵染高峰期。病菌借助气流传播和农事操作传带进行再侵染。气温 20 ～ 23℃，湿度 90% 以上，低温、高湿、弱光有利于发病。大水漫灌又遇连阴天或阴霾天气、雾天是诱发灰霉病的重要因素。栽植密度过大、放风不及时、氮肥过量造成碱性土壤缺钙、植株生长衰弱均利于灰霉病的发生和扩散。

【救治方法】

生态防治：

（1）保护地棚室要高畦覆地膜栽培，地膜下渗浇小水，如图41。有条件的可以考虑采用滴灌措施，节水控湿。加强通风透光，尤其是阴天除要注意保温外，还要

图41　膜下渗浇小水方式

严格控制灌水，严防过量。早春将上午放风改为清晨短时间放湿气，清晨尽可能早的放掉棚室里的雾气，其方法是：尽可能大的拉开棚膜风口，人不要走开，待棚里雾气排清，尽快进行湿度置换，空气透明度提高后，迅速合上风口从而加快提温，有利于番茄生长。及时清理病残体、摘除病果、病叶和侧枝。注意不要在阴雨天气进行整枝打杈。清除病枝蔓集中烧毁和深埋。合理密植、高垄栽培、控制湿度是关键。氮、磷、钾均衡施用，育苗时苗床土注意消毒及药剂处理。

（2）熊蜂授粉：番茄虽属自花授粉作物，但遇到不利的环境条件时，如阴雨、低温、高温等环境，不能正常授粉、受精、形成种子，子房内生长素类物质浓度不够高，导致子房不膨大，发生落花现象。番茄全年生产中，棚室温度低于15℃或高于30℃时易引起落花落果，除了采用生长调节剂辅助授粉外，近两年来菜农使用熊蜂授粉取得了很好的效果，解决了药害的问题，如图42。熊蜂授粉的优点是：果实整齐一致，品质优，无畸形果；省工省力，简单易掌握。一般 500 ～ 667 米² 的棚室，一棚放一群蜂，给予一定的水分和营养，将蜂箱置于棚

室中部，地面下挖50厘米，埋入直径30～40厘米的小型水缸，放入双层砖，置入蜂箱后，加入少量水，避免蚂蚁采食蜂蜜，地面上架设遮阳盖，以便在棚室高温时熊蜂歇息，早晚温度适宜时出来活动授粉，如图43。蜂群寿命不等，一般40～50天，短季节如春季或秋季栽培一箱蜂可用到授粉结束。利用熊蜂授粉，坐果率可达95%～99%。

图42　设施番茄熊蜂授粉　　　图43　置入地下的熊蜂放置模式

药剂救治：

（1）花期防治：番茄灰霉病是花期侵染病害，番茄蘸花时药剂预防作用就非常重要。其配药方法是：向配好的蘸花药液如番茄灵、果霉宁或2,4-滴蘸花药液中每1 500～2 000毫升加入10毫升2.5%咯菌腈悬浮剂或2～3克50%啶酰菌胺水分散粒剂，或1克50%咯菌腈可湿性粉剂等进行蘸花（图44）或涂抹（图45），使花器均匀着药。也可单一用保果宁2号、

图44　番茄花期蘸花施药方式　　　图45　番茄花期涂抹施药方式

丰收2号保花药每袋药对水1.5千克充分搅拌后直接喷花（图46）或浸花。生产中药剂蘸花一般采用喷花辅助授粉效果最好，果实畸形率最低。果实膨大期至花生粒大小时需要重点对幼果灰霉病进行绝杀喷雾。

图46　番茄花期喷花施药方式

（2）施药防治：建议采用作物保健性整体防控方案即番茄一生病害防治大处方进行整体预防。

① 三灌两喷法：见第八部分番茄整体方案。

② 喷雾施药法：可采用50%咯菌腈可湿性粉剂3 000倍液、50%嘧霉环胺水分散粒剂1 200倍液、50%嘧霉胺悬浮剂1 200倍液对幼果进行重点喷雾。单独进行灰霉病防治时可选用25%嘧菌酯悬浮剂1 500倍液+50%咯菌腈可湿性粉剂5 000倍液喷施预防，重度发生时先摘除所有病果后对所有植株和茎叶进行50%嘧霉环胺水分散粒剂1 200倍液、50%啶酰菌胺水分散粒剂1 000倍液或50%多菌灵·乙霉威可湿性粉剂800倍液等喷雾。

晚　疫　病

【典型症状】晚疫病是一种低温高湿条件下的流行性病害。此病在番茄整个生育期中均有发生，侵染幼苗、叶、茎和果实，以叶和果实受害最重。一般从棚室前端开始发病，初感染叶片从叶缘开始形成暗绿色、水渍状、不受叶脉限制的大块病斑，如图47。病斑逐渐扩展至整个叶片，水渍状、褪绿、褐色并枯干，如图48。病菌逐渐向茎秆、叶柄蔓延，致使植株节间处变黑褐色，如图49，重症植株的叶片枯干，垂挂在叶柄上。植株易萎蔫、折断。感病果实坚硬，凹凸不平，初期呈油渍状暗绿色，后变成暗褐色至棕褐色，如图50，一般情况下感病果实不变软、不腐烂，反而坚硬。湿度大时叶片正、

图48 整个叶片水渍状、褪绿、褐色并枯干

图47 初期感染晚疫病的叶片

图49 感病茎秆节间处黑褐色病变

图50 果实染病后呈油渍状

背面病健交界处均可以看到灰白色霉状物，如图51。早春和晚秋设施栽培和多雨、温差大的季节露地栽培番茄晚疫病非常容易大发生和流行，导致严重减产或绝收，如图52。

图51 叶背面病斑处生出灰白色霉菌

图52 重症晚疫病枯死的植株

【非典型症状】发病初期叶片边缘只有小病斑，没有大面积枯死萎蔫病斑，且没有病果，而番茄灰霉病的典型症状是叶片V形病斑，此症与之相似，如图53。又因没有灰霉病腐烂病果，难以确定是灰霉病还是晚疫病，使防治用药上举棋不定。仔细观察能发现叶柄已经感病，而灰霉病一般不侵染叶柄。可以根据其侵染叶片和叶柄的症状及栽培季节、气候条件确诊为非典型番茄晚疫病。

【疑似症状】

（1）叶片呈现大面积水渍状、深褐色病变，从叶缘向纵深迅速扩展，大块病斑不规则形轮纹不明显，如图54，细心查看，能见到病斑处已经生出灰绿色病菌，应诊断为灰霉病。

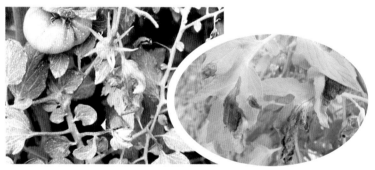

图53　非典型番茄晚疫病植株　　　　图54　疑似晚疫病的灰霉病叶片

（2）症状表现为叶片大面积干枯、萎蔫，病叶呈浅紫褐色，并从叶缘开始枯干。晚疫病一般从植株底部叶片开始发病，但是此症状是从植株上部开始萎蔫。植株整体颜色变浅绿，如图55。应该是大风降温，棚膜被掀起或风口没关好，霜冻冻坏了叶片细胞组织，使叶片呈现紫褐色急性冻害状。喷施防病药剂无效，也造成不必要的浪费。管理上应采取保暖、抗寒措施。

（3）大面积叶片枯干、叶片内卷，从底部叶片开始逐步向中部发展，如图56。仔细观察没有发现晚疫病菌，如此重

图55　疑似晚疫病的番茄急性冻害

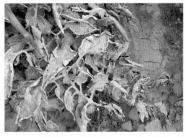

图56　疑似晚疫病的过量碳酸氢铵肥害

图57　疑似晚疫病的肥害烧灼，中上部叶片无侵染

的"病害"竟没有一个感病果，中上部叶片健康无侵染，如图57。周围棚室无同样症状。查问种植户，曾在症状出现前使用过上百斤*的尿素和碳酸氢铵。追寻日期和症状发展及气温条件，应确诊为高温条件下过量施用化肥烧秧所至——肥害。应该采

取措施降低棚室温度，加强中耕管理，再浇水溶解使过量的化肥迅速下渗，降低有害气体对番茄的熏蒸危害。

【发病原因】晚疫病菌主要在深冬保护地栽培的番茄上和茄果类蔬菜上越冬，也可以在马铃薯块茎上越冬，也有的在落入土中的病残体上越冬；借助气流和雨水传播到番茄植株上，从气孔和表皮直接侵入。保护地昼夜温差大、气温低于15℃、湿度高于85%时容易发病。连阴雨、多雾天气、过度密植、氮肥过重、平畦栽培、大水漫灌，病害发生严重。

【救治方法】

选择抗病品种：如迪芬尼、倍赢、金盾、齐达利、中研

* 斤为非法定计量单位，1斤＝0.5千克。

冬悦、凯撒、旗丹、新红琪、满田2185、满田2180、粉红美味等。

生态防治：清园，切断越冬菌源，合理密植、高垄栽培、控制湿度是关键。地膜下渗浇小水或滴灌，以降低棚室湿度。清晨尽可能早地放风——放湿气，尽快进行湿度置换，以快速提高棚室气温。氮、磷、钾肥均衡施用，育苗的苗床应注意消毒及药剂处理。

药剂救治：建议采用作物保健性整体防控方案，即番茄一生病害防治大处方进行整体预防，效果理想。晚疫病属于流行性病害，突发性强，流行速度快，一旦发病，喷药防控非常困难。生产实践中科技示范户采用保健性根施用药防控技术取得了非常好的效果，建议推广。

（1）三灌两喷法：见第八部分番茄整体方案。

（2）喷雾施药法：晚疫病以预防为主。在掌握发病规律的季节最好在未发病时喷药预防。药剂可选用：40％精甲霜灵·百菌清悬浮剂1 000倍液、25％双炔酰菌胺悬浮剂1 000倍液、75％百菌清可湿性粉剂600倍液（折合每袋100克药对4桶水），或25％嘧菌酯悬浮剂1 500倍液，保健性预防。发现中心株后，应立即全面喷药，并及时把病枝、病叶、病果摘除，带出田外或棚外烧毁。药剂救治可选择25％嘧菌酯悬浮剂1 500倍液+68％精甲霜灵·锰锌可分散粒剂600倍液，控制流行速度，进行阻断性防控，或25％双炔酰菌胺悬浮剂1 000倍液+68％精甲霜灵·锰锌可分散粒剂600倍液（折合每袋100克药，对3桶水），或64％杀毒矾可湿性粉剂600倍液，或72.2％霜霉威水剂800倍液，重度发生时68.7％氟吡菌胺·霜霉威水剂800倍液+25％嘧菌酯悬浮剂1 000倍液等混合喷雾、喷淋或涂抹病部，尤其是感病植株茎秆，以涂抹病部效果更好。

早 疫 病

【典型症状】早疫病主要侵染叶、茎、果实。典型症状是形成具有同心轮纹的圆形或椭圆形病斑，如图58。一般叶片受害严重，初为针尖似的小黑点，不断扩展成轮纹状斑，边缘多具浅绿色或黄色晕环，轮纹表面稍有凹陷，为椭圆形或梭形病斑，感病部位生有刺状物，潮湿时病斑处长出霉状物。茎秆感病多在分权处，如图59，图60。果实感病多在花萼附近，初期为椭圆形或不规则褐黑色凹陷病斑，后期感病部位较硬，生有黑色霉层，如图61。

图58 早疫病典型轮纹状病症的叶片　　图59 感染早疫病的番茄茎秆

图60 重症早疫病茎秆呈
深褐色梭形轮纹

图61 感染早疫病的番茄果实

【非典型症状】症状表现为早疫病斑的轮纹，又有灰霉病发病的叶缘部位和叶色褪绿症状，如图62。这种症状需要现场分析当时的栽培季节和种植模式。虽然发病在叶缘，但是发

图62　番茄感染早疫
病的症状

生季节在近夏季，同时没有像灰霉病那样长出霉菌，应诊断为早疫病。

【疑似症状】

（1）斑点看似早疫病，查看病斑时，找不到典型的轮纹状病斑，又因病斑颜色均为浅黄白色，没有霉状物以及植株上下均有不规则斑点，而且斑点大小是从上到下逐步变小，如图63，应诊断为药害烧灼现象。

（2）叶片病斑呈不规则状，有轮纹但不像早疫病斑那样明显和典型，如图64，病斑坏死状，叶片淡绿，深浅不一。其他所处叶缘病斑，逐步向内扩展，呈不规则形，如图65，此时正值深冬季节，查看其他感病植株，细心观察能看见病斑

图63　疑似早疫病的乳油类药剂的
药害斑点

图64　疑似早疫病的灰霉
病叶片

三、番茄病害典型与非典型、疑似病症的诊断与救治

上已经生出稀疏霉菌，应诊断为灰霉病。如果病斑有轮纹，除了看病斑颜色外，如图66，还要充分考虑当地设施蔬菜栽培技术、季节和栽培模式。

图65　疑似早疫病的感染灰
　　　霉病菌的植株

图66　早疫病（左）与灰霉病
　　　（右）病斑对比

（3）症状表现为茎秆分枝处发病产生椭圆形病斑，如图67。这是生产中常遇到的问题，在设施栽培高湿条件下，有利于黑褐色病斑扩展，仔细观察可以看到病斑沿茎秆扩展，叶腋处发病严重。这种现象多与阴霾天气整枝打杈造成伤口有关。晴暖天气和干燥环境下，病斑黑色点状，不扩展，应是细菌性溃疡病。

（4）症状表现为番茄花穗柄产生阴湿状黑色斑点，如图68，病斑上没有轮纹。又因没有看见菌脓，潮湿环境下仅花穗

图67　疑似早疫病的
　　　溃疡病茎秆

图68　疑似早疫病的花穗柄染病
　　　的细菌性病斑

柄上发生，干燥条件下没有扩展和发病。考虑冬早春番茄蘸花涂抹方式及杀真菌药剂防治无效，应该是细菌性斑疹。

【发病原因】病菌以菌丝和分生孢子在病残体和种子上越冬，可以从植物表皮、气孔直接侵入，借助气流和灌溉水进行传播。棚室温度连续在21℃左右，相对湿度70%以上持续2天以上时病害易流行。坐果期，浇水多，通透性差，病害发生严重。早春番茄开花初期是感染早疫病的高峰，此时正值多雾、高湿、棚室温度不好把握的敏感阶段。秋延后种植的番茄移栽结果初期感病，此时正值秋爽，气温渐凉，遇大水漫灌或高湿环境易感病。

【救治方法】

选用抗病品种：使用抗病品种是既抗病又节约生产成本的预防措施。可选金盾、惠裕、齐达利、益佰芬、中研100、新红琪、先达5号、浙粉704、浙粉706、金棚10号等较抗（耐）病品种。

生态防治：把握好移栽定植后的棚室温、湿度，注意通风，不能长时间闷棚。

药剂救治：建议采用作物保健性整体防控方案，即番茄一生病害防治大处方进行整体预防。

（1）三灌两喷法：见第八部分番茄整体方案。

（2）喷雾施药法：可选用10%苯醚甲环唑水分散粒剂1 500倍液、25%嘧菌酯悬浮剂1 500倍液、32.5%吡唑萘菌胺·嘧菌酯悬浮剂1 500倍液、42.8%氟吡菌酰胺·肟菌酯悬浮剂1 500倍液、42.4%氟唑菌酰胺·吡唑醚菌酯悬浮剂1 500倍液、80%代森锰锌可湿性粉剂600倍液、32.5%苯醚甲环唑·嘧菌酯悬浮剂1 200倍液、2%春雷霉素水剂600倍液或70%甲基硫菌灵可湿性粉剂500倍液。生长后期重度发生时可以考虑施用25%苯醚甲环唑·丙环唑乳油3 000倍液、32.5%吡唑萘菌胺·嘧菌酯悬浮剂1 000倍液或42.8%氟吡菌酰胺·肟菌酯悬浮剂1 000倍液等喷雾。

叶霉病

【典型症状】叶霉病自从国外引进硬果型番茄品种并广泛种植后，成为番茄的主要病害，硬果型番茄品种普遍发生较重。叶霉病主要侵染叶片，先从下部叶片开始发病，逐步向上部叶片扩展。叶片正面先出现不规则的浅黄色褪绿斑，如图69。叶背面病斑处初期长出白色霉层，继而变成灰褐色或黑褐色绒状霉层，如图70。高温高湿条件下，叶片正面也可长出黑霉，随着病情的发展叶片反拧卷曲，如图71。后期植株长势呈卷叶干枯状，如图72。

【非典型症状】看似高温烫伤，卷叶。细看叶片已经有褪

图69　初染叶霉病出现褪绿斑的番　　图70　感染叶霉病的叶片背面
　　　　茄叶片　　　　　　　　　　　　　　长出霉层

图71　重度感染叶霉病的植株　　　图72　叶霉病重度发生的田间症状

绿病斑产生。查看叶背面，可以找到不太明显的白色霉状物。这是叶霉病发生初期症状，如图73。此时是用药防治的最佳时期。

图73　番茄感染叶霉病初发期

【疑似症状】

（1）在北方（华北地区）深冬季日光温室栽培尤其是 1 ～ 2 月严寒时期，如遇下雪、连阴天，番茄长期处于寒冷气候下，叶片细胞就会受到冻害而出现浅黄色斑点，继而黄斑成片，如图74。造成叶肉细胞失绿黄化，失去光合作用功能。这种叶肉失绿的黄化现象与叶霉病的根本区别是有无霉状物和当时的气温变化与栽培季节。

（2）番茄叶片产生褪绿白化斑以及果实灰白疑似叶霉病后期症状，如图75，查看后没有发现霉状物，又不是严寒栽培季节，应该考虑土壤盐渍化造成的缺素症。

图74　疑似叶霉病的低温寒害造成的叶片黄化褪绿

图75　疑似叶霉斑的重度土壤盐渍化造成的褪绿白化斑和灰白果

（3）我们说的叶霉病症状，一般是叶片感病，在叶背面生有一层黑褐色的霉层，叶正面显现浅黄色不规则的病斑。病斑表面有一层黑褐色霉层，如图76，叶背面没有任何霉状

物，叶片也没有褪绿病斑。遇这种现象时，应查看棚室里白粉虱的发生情况，查看叶片背面是否有大量白粉虱。用手晃动植株，有白粉虱起飞则可以确定为因白粉虱分泌物造成的番茄霉污症状。

图76 疑似叶霉病的白粉虱分泌物造成的霉污症状

（4）番茄叶片叶肉黄化，如图77，叶片背面并没有霉层产生，如图78，而是局部叶片叶肉细胞坏死，追问栽培管理方法时发现，曾有过高温条件下使用未腐熟肥料的历史，造成有害气体熏蒸，使叶片细胞局部坏死。

图78 疑似叶霉病的肥害叶片背面

图77 疑似叶霉病的熏蒸肥害叶片正面

【发病原因】病菌以菌丝体在病残体内，或以分生孢子附着在种子上，或以菌丝潜伏在种子表皮内越冬，借助气流传播，叶面有水湿的条件即可萌发，长出芽管经气孔侵入。气温22℃、湿度大于90%利于叶霉病的发生。高温、高湿是叶霉病发生的有利条件。温度在30℃以上有抑制病菌的作用，可以考虑适当时机高温烤棚，抑制病害流行。叶霉病在春季番茄生长后期棚室温度上升后遇湿度大时易发生，秋延后种植的番茄在前期气温略有下降时，遇雨水或高湿环境易大发生而流行。一些引进品种不抗叶霉病，应引起注意。

【救治方法】

选用抗病品种：使用抗病品种是既防病又节约生产成本的办法。有许多抗叶霉病的优良品种。一般抗寒性强的品种对叶霉病抗性相对较弱。越冬栽培可选用抗寒、耐弱光的品种，如中研冬悦、中研998、中研100等。冬春季可选用迪芬尼、金盾、惠裕、粉倍赢、中研100、浙粉808、抗病佳粉、满田2185等。

生态防治：加强对温、湿度的控制，将温度控制在28℃以下，湿度在75%以下。适当通风，增强光照，适当密植，及时整枝打杈，对已经开始转色的下部番茄果实周围应及时去掉老叶，增加通风透光。配方施肥，尽量增施生物菌肥如海藻菌生物肥，以提高土壤通透性和根系吸肥活力。

施药防治：建议采用作物保健性整体防控方案，即番茄一生病害防治大处方进行整体预防。

（1）三灌两喷法：见第八部分番茄整体方案。

（2）喷雾施药法：可选用10%苯醚甲环唑水分散粒剂1 500倍液，或25%嘧菌酯悬浮剂1 500倍液、32.5%吡唑萘菌胺·嘧菌酯悬浮剂1 500倍液、42.8%氟吡菌酰胺·肟菌酯悬浮剂1 500倍液、42.4%氟唑菌酰胺·吡唑醚菌酯悬浮剂1 500倍液、80%代森锰锌可湿性粉剂600倍液、32.5%苯醚甲环唑·嘧菌酯悬浮剂1 200倍液、2%春雷霉素水剂600倍液或70%甲基硫菌灵可湿性粉剂500倍液。生长后期重度发生时可以考虑用25%苯醚甲环唑·丙环唑乳油3 000倍液、32.5%吡唑萘菌胺·嘧菌酯悬浮剂1 000倍液、42.8%氟吡菌酰胺·肟菌酯悬浮剂1 000倍液或30%丙环唑·嘧菌酯悬浮剂4 000倍液等喷雾。

灰叶斑病

【典型症状】灰叶斑病在国内传统的栽培品种中不是主要病害，随着我国引种国外硬果型番茄品种的普及，灰叶斑病已经成为重要病害。在生产中灰叶斑病也被菜农称作灰芝麻斑病，如图79。主要为害叶片，严重时也为害叶柄，如图80。发病初期叶面布满浅褐色小圆点，病斑水渍状，不规则形，病斑中部为灰褐至黄褐色，病斑边缘为浅黄褐色晕圈，如图81，病斑凹陷，直径2～5毫米，重症灰叶斑病后期感病叶片病斑易穿孔干枯，如图82。

图79　灰叶斑病感病叶片

图80　中度感染灰叶斑病的植株

图81　病斑扩展后灰褐色，病斑边缘为浅褐色有晕圈

图82　易感品种重度发生灰叶斑病田间绝收

【疑似症状】病斑为红褐色圆斑，初发病时叶片呈现红褐色小圆斑，病斑中心呈浅灰色，病斑边缘呈现褐色晕圈，比灰叶斑病病斑稍大，颜色较艳丽，如图83。扩展后病斑连片呈褐色圆斑，叶片变黄，如图84。应为褐斑病，在防治上与灰叶斑病相同。

图83　疑似灰叶斑病的褐　　图84　重症下褐斑病叶片症状（较
　　　　斑病叶片　　　　　　　　　　易与灰叶斑病区别）

【发病原因】病菌以菌丝体随病残体在田间越冬。其分生孢子借气流、灌溉水、雨水反溅传播，从气孔侵入。温暖潮湿、阴雨天气及密植、窝风环境易发病。大水漫灌、湿度大、肥力不足，植株生长衰弱发病严重。一般春季保护地种植比秋季发病概率高，流行速度快。种植硬果型番茄，因其产量高，需投入足量的有机肥和复合肥。相反，因肥力不足或管理粗放而易造成病害流行，应引起高度重视。

【救治方法】

生态防治：合理密植，引进品种一般要比常规品种种植密度小，产量却高一些，应适当增施生物菌肥和磷、钾、硼肥，一般施肥量要比常规施肥总量多10%～15%，增施生物钾肥、加强田间管理，降低湿度，增强通风透光。收获后及时清除病残体，并进行土壤消毒。

药剂救治：灰叶斑病突发性强，建议采用作物保健性整体防控方案，即番茄一生病害防治大处方进行整体预防。

（1）三灌两喷法：见第八部分番茄整体方案。

（2）喷雾预防：采用25%嘧菌酯悬浮剂1 500倍液、56%百菌清·嘧菌酯悬浮剂1 200倍液、32.5%苯醚甲环唑·嘧菌酯悬浮剂1 200倍液或32.5%吡唑萘菌胺·嘧菌酯悬浮剂1 500倍液，保健性预防措施会有非常好的效果。

也可选用75%百菌清可湿性粉剂600倍液、10%苯醚甲环唑水分散粒剂1 500倍液、80%代森锰锌可湿性粉剂600倍液等喷雾。或用32.5%吡唑萘菌胺·嘧菌酯悬浮剂1 000倍液、42.8%氟吡菌酰胺·肟菌酯悬浮剂1 000倍液或42.4%氟唑菌酰胺·吡唑醚菌酯悬浮剂1 500倍液喷雾。

溃疡病

【典型症状】番茄溃疡病是细菌性病害。病菌侵染幼苗、茎秆至幼果，结果盛期也可感染溃疡病。病菌通过植株的输导组织韧皮部和髓部传导和扩展，在主茎上形成灰白色至灰褐色病斑，如图85。剖开茎秆可见茎内褐变，如图86，并向上下扩展。叶片边缘褪绿、萎蔫或干枯，如图87。感病后期茎秆基部变粗，上有疱斑，秆内中空，病斑下陷或裂开，如图88。潮湿条件下病茎和叶柄溢出菌脓，重症时全株枯死。植株上部呈萎蔫青枯状，如图89。果实染病，低温条件下呈中心灰白

图85　感染溃疡病呈灰褐色斑的　　图86　剖开输导组织可见褐
　　　番茄病茎隆起的白色圆斑　　　　　变的茎秆

色圆心的褐色枯斑，如图90；高温条件下染病可见果面有一个微小的浅褐色木栓化突起，有针眼状像蚊子叮咬后的疱状，称为"鸟眼斑"。几个鸟眼斑连在一起在果面形成病区，如图91。"鸟眼斑"是番茄溃疡病的典型症状。不同的季节和栽培条件下溃疡病的症状不尽相同。早春移栽及整枝打杈和高湿环境会造成枝茎和叶片感病；夏季多雨，有喷灌的大棚和温室，果实易感病。近年来引进品种溃疡病发生较重。

图87　染病后边缘褪绿干枯的叶片

图88　后期病茎秆中空纵裂

图89　重症青枯状萎蔫病株

图90　果肉凸起呈疱状成熟后转色困难的溃疡病病果

图91　溃疡病的圆形"鸟眼斑"病果

【疑似症状】

（1）果实呈现圆形白色晕圈病斑，但不凹凸，如图92。成熟转色时晕圈不消失，呈"鬼脸斑"果，成熟后期，病斑逐渐软化。分离致病菌，诊断为灰霉病，这是硬果型番茄特殊的症状。它与溃疡病果实的区别是：硬果型灰霉病果是在果实平面上引起圆形水渍状大小不等的灰白色环斑。而溃疡病果实的病斑是果实染病可见果面隆起的白色圆点，每一个圆斑中央有一个微小的浅褐色木栓化凸起，称为"鸟眼斑"，几个"鸟眼斑"连在一起在果面形成病区凸起状，有针眼状像蚊子叮咬后的疱。

（2）果实呈现不规则浅褐色条斑，病果长势不均匀，如图93。与溃疡病果的区别在于溃疡病果是病斑长在果实表面，此病果褐色条斑隐藏在果皮之中，应诊断为氮肥过量、碳水化合物比例失调而使维管束木栓化现象。

图92 疑似溃疡病"鸟眼斑"的灰霉病"鬼脸斑"果

图93 碳水化合物失调造成的维管束木栓化果实

【发病原因】病菌可在种子内、外和病残体上越冬，在土壤中可存活2～3年，主要从伤口侵入，包括整枝打杈时损伤的叶片、枝干和移栽时的幼根，也可从幼嫩的果实表皮直接侵入。由于种子可以带菌，病菌远距离传播主要靠种子、种苗和鲜果的调运；近距离传播靠雨水和灌溉。保护地大水漫灌会使病害扩展蔓延，农事操作接触病菌、溅水也会传播病害。长时间结露和暴雨天气条件下发病重。保护地、露地均可发生溃疡病。

【救治方法】

农业措施：清除病株和病残体并烧毁，病穴撒入石灰消毒。采用高垄栽培，严禁带露水或在阴霾天气、潮湿条件下进行整枝打杈等农事操作。

种子消毒：55℃温水浸种30分钟，或70℃干热灭菌72小时，或每千克种子用硫酸链霉素200毫克浸种2小时。

药剂救治：早期预防生产中常采用25％嘧菌酯悬浮剂1 500倍液+47％春雷·王铜可湿性粉剂500倍液混喷，效果不错。预防溃疡病初期可选用47％春雷·王铜可湿性粉剂500倍液、40％噻唑锌悬浮剂600倍液、77％氢氧化铜可湿性粉剂500倍液，或用47％春雷·王铜可湿性粉剂400倍液喷施或灌根。每667米^{2}用硫酸铜3～4千克撒施浇水处理土壤可以预防溃疡病，使用25％链霉素·琥珀酸酮可湿性粉剂喷雾或涂抹枝干和伤口防治效果也不错。

细菌性斑疹病

【典型症状】番茄斑疹病也叫细菌性叶斑病。主要为害叶、茎、花、叶柄和果实。叶片感病，产生深褐色至黑色不规则斑点，如图94，斑点周围有深褐色晕圈，斑心浅褐色，如图95。

图94　感染斑疹病的叶片深褐色不规则斑点

图95　斑疹病病斑深褐色晕圈灰褐色斑心

叶柄和茎秆感病产生不规则黑色斑点，如图96。病斑易连成斑块，严重时可使一段茎秆变黑。花蕾受害，在萼片上形成许多黑点，如图97，连片时，使萼片干枯，不能正常开花。幼嫩果实初期的小斑点稍隆起，果实近成熟时病斑周围往往仍保持较长时间的绿色，如图98。病斑附近果肉略凹陷，或病斑周围黑色中间色浅并有轻微凹陷，如图99。

图96　斑疹病茎秆有黑色
不规则斑点

图97　花蕾受害萼片上形成许多黑斑

图98　染病果实果肉略凹陷

图99　病斑黑褐色中间色浅略微凹陷

　　【发病原因】病菌在种子、病残体及土壤里越冬，种子带菌后播种会传染幼苗。病苗定植后传播田间。并通过雨水或人工操作、整枝打杈、采收等农事操作进行传播或反复侵染。寒冷、潮湿、冷凉条件或南方低温多雨季节易发病。喷灌利于发病，喷灌设施比滴灌微喷设施发病重。

【救治方法】

农业防治：选用抗病、耐病品种；采用无病种苗，建议使用一次性杀菌的营养基质育苗。设施栽培棚室与非茄科蔬菜实行3年以上的轮作；晴天进行农事操作，阴天不要进行整枝打杈和采收，避免病害的传播；蔬菜设施节水工程，最好采用滴灌或膜下微喷。不提倡设施栽培使用喷灌方式。

种子处理：温汤浸种，用55℃温水浸种30分钟，或用0.6%醋酸溶液浸种24小时，或用1.05%次氯酸钠浸种20～40分钟。浸种后用清水冲洗掉药液，稍晾干后再催芽。

药剂防治：在发病初期，选用30%噻唑锌可湿性粉剂500倍液、77%氢氧化铜可湿性粉剂400～500倍液、20%噻菌灵悬浮剂500倍液、47%春雷·王铜可湿性粉剂400倍液、50%琥胶肥酸铜可湿性粉剂500倍液或络氨铜水剂300倍液喷施，每隔10天左右喷1次，连喷3～4次。生产中科技示范户防控此病常采用"阿加组合"喷施防控，即25%嘧菌酯悬浮剂1 500倍液+47%春雷·王铜可湿性粉剂400倍液桶混后喷施，同时防治冬早春真菌细菌病害，效果较好，建议试用。

青 枯 病

【典型症状】青枯病是细菌性病害。主要为害叶片、幼嫩生长点，后期发展到整株萎蔫不变色枯死，如图100。感病时上部叶片颜色较浅萎蔫，并不明显表现病斑变色，萎蔫植株傍晚可恢复正常生长。但后期叶片变褐黄色，生长点枯死。病茎纵剖开维管束变色，如图101，扩展后植株枯死维管束褐色，保湿后有菌脓流出，如图102，这一点区别于枯萎病。由于维管束的病变致使整个植株呈萎蔫症状。

【疑似症状】

（1）病菌侵染番茄后期植株整体性萎蔫，茎秆变褐，有纵形长病斑出现，疑似青枯病，如图103，但是茎秆均为黄褐色斑点，并没有菌脓。所示的番茄整株萎蔫却没有幼嫩生长点

图101 感病茎秆从叶腋处褐变逐步枯死

图100 青枯病上部叶片脱水性萎蔫

图102 保湿后维管束褐变

图103 疑似青枯病的番茄植株冻害萎蔫症状

图104 疑似青枯病的灰叶斑暴发致使植株枯死

和枝茎枯死现象，也没有水渍状病斑和菌脓，观察其他拔出的病株根部整体黑褐色病变，应该是枯萎病植株。

（2）植株上下部叶片全部枯干，整个植株脱水性萎蔫，如图104。但是剖开茎秆没有维管束病变，结合此棚菜农种植极易感灰叶斑病的番茄品种和疏于管理喷药，应该是灰叶斑病暴发绝收的结果。

【发病原因】病原菌为细菌，可

在种子内、外和病残体上越冬。病菌主要从叶片或果实的伤口侵入，借助飞溅水滴、棚膜水滴下落或结露、叶片吐水、农事操作、雨水、气流传播蔓延，进入植株体内靠维管束组织扩展，常造成导管堵塞和细胞中毒，这是叶片和植株萎蔫现象的根本原因。土壤温度是发病的重要因素。适宜发病温度为 30 ～ 35℃，相对湿度70%以上容易促使病害流行。大雨或连阴雨后骤晴、气温急剧升高、湿气热气蒸腾交织，病害发生严重。连作重茬、盐渍化土壤的地块或排水不良、钾肥不足、酸性土壤均有利于青枯病的发生与流行。

【救治方法】

选用耐病品种：可选的抗病品种有惠裕、中研100、金盾、特美特、粉倍赢、西贝等。

农业措施：轮作倒茬，与瓜类轮作。改良土壤，春季收获后，清除病株和病残体并烧毁。进而对棚室高温闷棚处理（每667米²基本用量秸秆4 000千克、农家肥5米³、腐菌酵素4千克、尿素或碳铵肥10千克）。深翻后大水漫灌洇透水后覆地膜，封严棚膜，闷棚15 ～ 20天，可以有效杀死土壤中的病菌。采用高垄栽培，严格控制阴天、带露水或潮湿条件下的整枝绑蔓等农事操作。改进育苗栽培技术，采用一次性营养基质，做到少伤根，培育壮苗，提高抗病能力。

种子消毒：温水浸种，55℃温水浸种30分钟或70℃干热灭菌72小时，或每千克种子用硫酸链霉素200毫克浸种2小时。

药剂防治：预防细菌性病害初期可选用47%春雷·王铜可湿性粉剂800倍液、30%噻唑锌可湿性粉剂500倍液、77%氢氧化铜可湿性粉剂500倍液、14%络氨铜水剂300倍液或27.12%铜高尚悬浮剂800 倍液喷施或灌根。每667米²用硫酸铜3 ～ 4千克撒施后浇水处理土壤可以预防细菌性病害。

菌 核 病

【典型症状】菌核病在重茬地、老菜区发生比新菜区要严重。番茄整个生长期均可以发病。成株、盛果期发病较多，各个部位均有感病现象，叶片、茎秆染病呈水渍状大块病斑，偶有轮纹，易脱落，感病后期病部凹陷，斑面长出白色菌丝体，如图105，枝干染病先从主干茎基部或侧根侵染，呈褐色水渍状凹陷。主干病茎表面易破裂，湿度大时，皮层霉烂，如图106。茎基部感病后，在潮湿条件下长出稀疏白色霉层，如图107。果实受害端部或阳面先出现水渍状斑后变褐腐，后期果实病部凹陷，干燥环境下病果枝干干枯，斑面仍有霉状浓密白色菌丝体，后形成菌核，如图108。

【疑似症状】果实水渍状软化腐烂，呈灰白色，疑似菌核病，如图109。但是病果软腐后的霉菌不是白色而是呈灰白

图105　茎秆染病水渍状大块病斑，病部凹陷，斑面长出白色菌丝体

图106　主干茎基部和侧根呈褐色水渍状凹陷

图107　番茄枝干果实受害端部水渍状褐腐

图108　感病枝干斑面有霉状浓密白色菌丝，形成菌核

图109　疑似菌核病病果的绵疫病病果

色，没有茂密的菌丝而是霉层逐渐变灰绿色，应为绵疫病。菌丝的茂密程度和最后是否有黑色菌核（即老鼠屎颗粒）是判定菌核病的依据。

【发病原因】病菌主要以菌核在田间或棚室保护地中或混杂在种子中越冬。春天子囊孢子随气流由伤口、气孔侵入，也可由萌发的子囊孢子芽管穿过叶片表皮细胞间隙直接侵入。适宜发病温度为 16 ~ 20℃，早春、秋冬低温高湿、连阴天、多雾天气、弱光环境发病重。

【救治方法】

生态防治：

（1）保护地栽培地膜覆盖，阻止病菌出土，降湿、保温、净化生长环境。

（2）土壤表面杀菌剂封闭：对定植棚室土壤表面进行药剂封闭杀菌。即施用68％精甲霜灵·锰锌水分散粒剂500倍液对定植前的穴窝或定植沟进行表面喷施，如图110，这样可以有效杀灭土壤表面的菌核病菌，减少感染机会。

图110　移栽前的土壤杀菌剂封闭灭菌操作

（3）清理病残体集中烧毁。

药剂救治：建议采用作物保健性整体防控方案，即一生病害防治大处方进行整体预防。

（1）三灌两喷法：见第八部分番茄整体方案。

（2）喷雾施药法：药剂可选用25％嘧菌酯悬浮剂1 500倍液灌根，或75％百菌清可湿性粉剂600倍液喷施预防，或选用10％苯醚甲环唑水分散粒剂800倍液、56％百菌清·嘧菌酯悬浮剂1 000倍液、32.5％苯醚甲环唑·嘧菌酯悬浮剂1 200倍液、50％嘧菌环胺水分散粒剂1 200倍液、40％嘧霉胺1 200倍液、

50%乙霉威·多菌灵可湿性粉剂800倍液或50%啶酰菌胺可湿性粉剂800倍液喷雾。

绵 疫 病

【典型症状】绵疫病是常伴随雨季发生的流行性病害，一旦感病三两天内番茄果实就会全部腐烂绝收。番茄全生育期均可以感染，茎秆、果实、叶片都能感病。叶片感病从叶边缘开始，初期有不定形水渍状暗绿色或黄绿色直至暗褐色脱水性萎蔫，如图111，病重时叶片腐烂整株枯死。感病后茎秆节间处或根基部呈黑褐色腐烂，如图112，干枯茎秆长出白色霉状物，如图113。棚室或天气湿度大时感病果实表面会长出少量稀疏白色霉层，如图114，果实感病大多从果蒂开始，初期呈

图111　染病叶片黄绿色直至暗褐色脱水性萎蔫

图112　病重时叶片腐烂整株枯死

图113　根基部呈黑褐色腐烂症状

图114　染病干枯茎秆长出白色霉状物

水渍状，暗绿软化后逐渐腐烂，如图115，后期果实呈褐色、暗绿色水渍状圆形大病斑，番茄感染疫病会成片枯萎死亡。

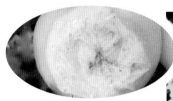

图115 感病果实表面会长出少量稀疏白色霉层

图116 重症病果整穗腐烂长出白色霉菌

图117 疑似绵疫病的番茄冻害田间植株

【疑似症状】整个植株下部叶片叶缘黄化后萎蔫，根部枯干，疑似绵疫病，如图117。但是地上部茎秆没有褐变，没有菌丝。田间调查正值深冬季节，棚室温度极低，常在3～4℃番茄的生命存活临界线上，应该是极度寒冷造成的冻害。

【发病原因】绵疫病是一个高温病害，常常伴随着雨季暴发。病菌主要以卵孢子、厚垣孢子在病残体或土壤中越冬。由于北方设施棚室保温条件增强，病菌可以在北方安全越冬，周年侵染，同时借助雨水、灌溉水传播。发病适宜温度25～30℃，相对湿度高于85%时极易发病。保护地棚室内空气湿度越大、浇水过量，叶面有水珠或露水是病菌萌发游动侵入的有利条件。定植过密，通风、透光性差，露地种植地块排水不良，积水地块发病重，且病害一旦流行，南方雨季、积水田、设施栽培连茬、重茬、盐渍化土壤发病重，严重时造成绝收。

【救治方法】选用抗病品种：如凯撒、齐达利、惠裕、先达5号、金盾、西贝、浙粉808、中研100、益佰芬系列等品种均表现不错。

生态防治：清园，切断越冬病残体组织、合理密植、高垄栽培、注意排水，控制湿度是关键。设施栽培番茄应采用膜下渗浇小水或滴灌，节水保温，以利降低棚室湿度。早晨进行湿度置换，增加通风透光性能。氮、磷、钾均衡施用，育苗时苗床土注意消毒及药剂土表封闭杀菌处理。

药剂救治：建议采用作物保健性整体防控方案，即一生病害防治大处方进行整体预防。

（1）三灌两喷法：见第八部分番茄整体方案。

（2）喷雾施药法：预防为主，移栽棚室缓苗后预防可采用70%百菌清可湿性粉剂600倍液（100克药对4桶水）、25%嘧菌酯悬浮剂1 500倍液、25%双炔酰菌胺悬浮剂1 000倍液或40%精甲霜灵·百菌清悬浮剂800倍液。发现中心病株后立即全面喷药，并及时清除病叶带出棚外烧毁。

救治可选择68%精甲霜灵·锰锌水分散粒剂500～600倍液（折合100克药对3～4桶水）＋25%双炔酰菌胺悬浮液800倍液一起喷施，或与50%烯酰吗啉可湿性粉剂600倍液或72.2%霜霉威水剂800倍液等交替间隔喷施。也可用40%精甲霜灵·百菌清悬浮剂600倍液、68.75%氟吡菌胺·霜霉威水剂800倍液、72%霜脲·锰锌可湿性粉700倍液或72%霜霉疫净、霜疫清可湿性粉剂700倍液等喷施。

白 粉 病

【典型症状】番茄全生育期均可感病，主要感染叶片。发病重时感染枝干、茎蔓。发病初期主要在叶面或叶背产生白色圆形有霉状物的斑点，如图118，严重感染后叶面会有一层白色霉层，从下部叶片开始感病，逐渐向上部枝干发展，如图119。发病后期感病部位白色霉层呈灰褐色，叶片发黄坏死。

【疑似症状】染病果实褐变水烂，长出稀疏白色菌丝，如

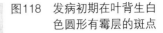

图118　发病初期在叶背生白色圆形有霉层的斑点

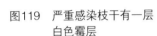

图119　严重感染枝干有一层白色霉层

图120，从霉状物的颜色看疑似白粉病果，但是从水渍状软腐看，菌丝没有白粉病的致密，叶片没有白色霉菌出现，应该考虑发病冬早春季节温差大易发的菌核病所致。

图120　疑似白粉病的菌核病果实

【发病原因】病菌以闭囊壳随病残体在土壤中越冬，越冬栽培的可在棚室内作物上越冬。借气流、雨水和浇水传播。温暖潮湿、干燥无常的种植环境，阴雨天气及密植、窝风环境易发病和流行。大水漫灌，湿度大，肥力不足，植株生长后期衰弱发病严重。

【救治方法】

生态防治：合理密植，引用抗白粉病的优良品种，一般常种的品种有齐达利、倍赢、粉倍赢、惠裕、益佰芬、金盾、西贝等。

适当增施生物菌肥及磷、钾肥，加强田间管理，降低湿度，增强通风透光，收获后及时清除病残体，并进行土壤消毒。

药剂防治：建议采用作物保健性整体防控方案，即一生病害防治大处方进行整体预防。

（1）三灌两喷法：见第八部分番茄整体方案。

（2）喷雾施药法：白粉病突发性强，一旦发病不好控制，应以预防为主。采用25%嘧菌酯悬浮剂1 500倍液灌根预防会有非常好的效果。也可用32.5%吡唑萘菌胺·嘧菌酯悬浮剂1 500倍液、42.8%氟吡菌酰胺·肟菌酯悬浮剂1 500倍液、80%代森锰锌可湿性粉剂500或600倍液、50%丙森锌可湿性粉剂600倍液、75%百菌清可湿性粉剂600倍液、10%苯醚甲环唑水分散粒剂2 500～3 000倍液、56%百菌清·嘧菌酯悬浮剂1 000倍液、32.5%苯醚甲环唑·嘧菌酯悬浮剂1 200倍液。生长后期可以选用30%苯醚甲环唑·丙环唑乳油3 000倍液、42.4%氟唑菌酰胺·吡唑醚菌酯悬浮剂1 500倍液喷施。棚室拉秧后及时用硫黄熏蒸消毒。

黄化曲叶病毒病

自2008年以来，原本在南方点片发生的番茄黄化曲叶病毒病（TYLCV）在黄河以北迅猛传播或暴发，2009年山东、河北等省因黄化曲叶病毒病造成番茄绝收面积近30万亩[*]。黄化曲叶病毒病原本不是威胁我国番茄种植的主要病害，现在由于它的迅速传播和威胁，让我们不得不直接面对。

【典型症状】黄化曲叶病毒病是系统性病害。番茄感病初期，上部叶片首先表现为黄化型花叶，如图121，叶缘呈宽带形黄化，如图122，并上卷，叶片变小、变厚、僵硬。感病植株生长缓慢或停滞，节间变短，明显矮化，如图123；茎秆上部变粗，多分枝，呈畸形棒状脆硬的丛枝症，如图124，生长点黄化，下部老叶症状不明显。发病后期整个棚室番茄矮化，生长发育停滞，如图125，开花后坐果困难，果实不能正常转色，导致减产或绝收。

---

[*] 亩为非法定计量单位，1亩≈667米^2。

图121　初期染病植株呈黄化型花叶　　图122　叶缘呈典型宽带形黄化的叶片

图123　植株生长停滞，节间缩短，
　　　　矮化明显

图124　重症畸形棒状脆　　图125　重度感染黄化曲叶病毒病的
　　　　硬的丛枝症　　　　　　　棚室番茄生长状

【疑似症状】植株叶片窄小、细长，但不矮化、不变色，如图126，这也是病毒病，但不是黄化曲叶病毒引起的，应诊断为黄瓜花叶病毒病（CMV）。采用常规的防病毒和灭蚜措施就可以了。方法参照病毒病防治方法。

【发病原因】病原为番茄黄化曲叶病毒（TYLCV）。属于双生病毒的亚组Ⅲ，是一种单链环状DNA病毒。这种病毒有两个传毒途径，一个是烟粉虱传播，一个是嫁接传毒。

烟粉虱有十多种生物型，其中B型烟粉虱繁殖快、适应能力强、传毒效率高，是番茄黄化曲叶病毒最主要的传播介体，如图127。烟粉虱一旦获毒可在体内终生存在，属于持久性传毒类型。

嫁接是传播番茄黄化曲叶病毒的另一个途径。许多研究证明，感病的接穗嫁接到正常的砧木上，或者正常接穗嫁接到感病砧木上，均可造成全株系统发病。

图126　疑似黄化曲叶病毒病的黄瓜花　图127　传毒祸首——烟粉虱
　　　　叶病毒引起的蕨叶症

番茄黄化曲叶病毒与烟草花叶病毒（TMV）和黄瓜花叶病毒（CMV）不同，种子和摩擦接种均不传毒。因此，黄化曲叶病毒病的暴发与烟粉虱暴发密切相关。

近年来，烟粉虱在我国许多地方暴发成灾，它可传播多种病毒。尤其是B型烟粉虱的暴发是导致番茄黄化曲叶病毒病流行的主要原因。发病程度与虫口密度相关。当虫口密度达到每株5头时，植株的感病率就达60%，虫口密度越大，发病越严重。烟粉虱30～35天繁殖1代，以1头雌性烟粉虱产400个有效卵计算，3个月以后将是上亿头烟粉虱为害，可见杀灭烟粉虱对防治黄化曲叶病毒病的重要性。

不同的栽培季节，番茄黄化曲叶病毒病的发生程度存在显著差异。5～7月播种的夏秋番茄发病严重，而9～10月播种的越冬番茄发病较轻。即高温季节发病重，低温季节发病轻。在 25 ~ 28℃ 条件下，番茄黄化曲叶病毒从侵染至发病大约需要3周，而在冬季（低温季节）则需要 1 ~ 2 个月。高温有利于烟粉虱传毒，有利于病毒在寄主体内迅速增殖。

除番茄外，番茄黄化曲叶病毒易感染的寄主植物还有曼陀罗、心叶烟、烟草、菜豆、苦苣菜、番木瓜等，众多的毒源植物以及不同茬口的番茄生长季节重叠使该病毒得以周年繁殖并造成交叉感染。生产上大面积栽培的番茄品种只抗烟草花叶病毒，均不抗番茄黄化曲叶病毒，更不抗烟粉虱，这为该病害的发生流行创造了适宜的寄主繁衍生存条件。

【救治方法】选用抗病品种和防控烟粉虱是防治番茄黄化曲叶病毒病的两大关键措施，两者缺一不可。

选用抗病品种：可选种惠裕、益佰芬、粉倍赢、金盾、西贝、齐达利、迪利奥、粉宴、浙粉706、浙粉808等品种。

加强田间管理：包括肥水管理、及时整枝打杈等栽培措施，促进植株健壮生长。也可喷施益施帮400倍液、叶绿宝、芸薹素内酯、古米钙、瑞培绿等营养剂，提高植株的抗病能力。

清洁田园：生育期间发现感病植株，及时拔除并掩埋。作物收获后，彻底清除植株残体和落叶及周边的各种杂草，保持田间卫生，减少虫源。设施棚室栽培时还要做好棚室的熏杀残虫工作，防止烟粉虱扩散传毒。

间作：根据烟粉虱的取食习性，与烟粉虱更加偏爱的一些寄主植物进行间作，可以降低番茄上烟粉虱的虫口密度。采用番茄与黄瓜间作的栽培方式，可以显著降低番茄黄化曲叶病毒病的发病率。

物理防治：

(1) 设置防虫网：育苗及定植棚室均应设置60目的防虫网，如图128，严防烟粉虱侵入。如棚室内温度过高，也可以只在下部风口处使用60目防虫网，上风口仍使用40目防虫网，如图129，棚顶端风口仍然需要设置防虫网，如图130。

图128　棚室加设60目防虫网

图129　棚室风口加设40目防虫网

图130　棚顶上风口加设防虫网

大棚门也要吊挂防虫网帘，如图131，操作人员出入要快出快进，不要敞开网帘，尽量减少烟粉虱进入棚室的机会。

（2）设置诱杀黄板：利用烟粉虱的趋黄习性，在田内悬挂黄板，诱杀烟粉虱，如图132。

图131　大棚门也要吊挂防虫网帘

图132　设施棚室吊挂黄板诱杀烟粉虱

保护利用天敌：在世界范围内烟粉虱有45种寄生性天敌，62种捕食性天敌，其中对烟粉虱影响较大的天敌是丽蚜小蜂。在栽培田内人工释放丽蚜小蜂，可有效控制烟粉虱的为害。B型烟粉虱抗药性很强，必须采用物理、化学和生物综合防治措施，以生长发育前期防控为重中之重。

药剂救治：从封闭棚室开始对零星发生的烟粉虱就进行

喷施用药。其后可以吊挂黄板诱杀,保持设施棚里不受烟粉虱传播病毒的威胁。应注意交替用药,避免产生抗药性。药剂灌根,可用强内吸杀虫剂25%噻虫嗪水分散粒剂或24.7%高效氯氟氰菊酯·噻虫嗪微胶囊悬浮-悬浮剂一次性灌根防治,持效期可长达25～30天。方法是:在移栽前2～3天,用25%噻虫嗪水分散粒剂1 500～2 500倍液(或1喷雾器水加6～8克药)或用24.7%高效氯氟氰菊酯·噻虫嗪微囊悬浮-悬浮剂10毫升加1喷雾器水后喷淋幼苗,使药液除喷叶片以外还要渗透到土壤中。平均每平方米苗床喷药液2～3千克(或2克药对1桶水喷淋100株幼苗),如图133,有很好的治虫预防病毒病的作用。

图133 药剂喷淋、灌根防虫

喷施用可选用25%噻虫嗪水分散粒剂2 500倍液、24.7%高效氯氟氰菊酯·噻虫嗪微胶囊悬浮-悬浮剂3 000倍液、10%吡虫啉可湿性粉剂1 000倍液、2.5%高效氯氟氰菊酯水剂1 500倍液灭虱防病毒病。

苗期可选用20%吗啉胍A可湿性粉剂500倍液或1.5%植病灵乳油1 000倍液等喷施,有一定的抑制病毒作用。

也可用敌敌畏烟剂、灭蚜烟熏剂等熏棚杀虫,但需要把熏蒸杀虫的副作用,叶片老化的不利因素充分考虑到,正确把握使用剂量。

选用3.4%赤·吲乙·芸可湿性粉剂4 000～5 000倍液对病毒病症状较轻的植株进行喷施，7～10天1次。对症状较重的植株建议用3.4%赤·吲乙·芸可湿性粉剂4 000倍液加上芸薹素800倍液混用喷施，强行刺激受抑制而矮化的番茄植株，配合使用大肥水，对番茄有促壮生长、缓解症状的作用，已经结果的番茄还有一定挽回产量的希望。

其他病毒病

【典型症状】普通的番茄病毒病通常是由黄瓜花叶病毒（CMV）和烟草花叶病（TMV）以及马铃薯X病毒单独侵染或复合侵染所致。症状有：花叶、蕨叶、条斑、丛枝（黄顶）、坏死、卷叶等。黄瓜花叶病毒病也称为蕨叶型病毒病，典型症状是植株不同程度地出现矮化现象，如图134。叶片由上而下出现全部或部分的线状蕨叶，底部叶片向上卷叶；茎蔓细长，丛枝化，如图135。植株下部虽然生长正常，但叶片上卷。烟草花叶病毒多与马铃薯X病毒复合侵染，症状主要是在叶片、叶柄、茎秆和果实上产生坏死条斑和枯死斑。叶片上呈黄绿

图134　蕨叶丛枝型矮化植株生长受到抑制

图135　生长点线状蕨叶

相间或深浅斑驳花叶，如图136，叶脉透明，叶片皱缩，植株矮化，如图137。条斑型病毒病症状是在叶片、茎秆、果实上发生不同形状的条斑、斑点、云纹状皱缩褐色坏死斑，如图138、图139、图140。有些感病植株的症状复合发生，一株多症的现象很普遍，如图141。

图136　初侵染时的斑驳花叶叶片

图137　重度矮化畸形植株

图138　叶片坏死病斑

图139　叶柄和茎秆条状坏死斑

图140　出现条斑、云纹状皱缩的褐色病毒病果实

图141　重度感染病毒多症复合发生的植株

番茄病害典型与非典型、疑似病症的诊断与救治

【疑似症状】在生产中，我们常遇到非常多的类似病毒病的药害症状，容易与病毒病症状相混淆，也是菜农经常误诊和乱用农药造成损失的一大误区。

（1）番茄生产中有一个非常重要的环节——蘸花。蘸花的药剂都是生长调节剂，起到保花防落的作用。但如果操作时喷到或因气温高熏蒸到幼嫩的番茄生长点和叶片时，会起到抑制番茄生长的作用。叶肉细胞生长受到限制，叶脉的伸长与叶肉细胞生长不同步，形成农民常说的"小叶病"，可能误诊为病毒病，如图142。在区别此类病症时首先查看上部枝叶与下部叶片生长是否一致，整个植株长势是否与周围植株相同。病毒病的发生是零星单棵，不会成片。药害的症状会因上部着药和普遍蘸花而使植株上部叶片阶段性的发生僵化、蕨叶，且连片、普遍地发生，而植株中下部位的枝叶完好无损。

（2）苗期就发生疑似蕨叶丛枝状的病毒病症状，秧苗长势与健康秧苗一样，只是叶片和嫩芽呈现蕨叶症状，如图143。在排除生长调节剂类药害的基础上，应考虑熏蒸药害；在追问菜农使用农药种类、剂量时发现，菜农将用剩的除草剂存放在蔬菜大棚中，其中有瓶盖未拧紧的2,4-滴丁酯，致使番茄苗受熏蒸药害。这种情况下只有毁种，或改种其他作物。

（3）结果盛期植株长势良好，只是上部叶片有略微卷缩，幼小叶片呈掌状，如图144。查看现场，距棚室风口近处叶片

图142　疑似病毒病的蘸花药害　　图143　疑似病毒病蕨叶的除草剂熏蒸药害

症状严重；询问时间，正是玉米播种期喷施封闭性除草剂的时间。为高温蒸腾使含有莠去津的气流飘移至番茄田，使植株产生药害性卷叶。

（4）顶部卷叶症状：卷叶程度明显因气温高低而不同。番茄抗（耐）高温有一定的极限性，当超出其耐热限度时，番茄便以卷叶等生理现象降低蒸腾作用，以自行保护。与病毒病的区别是卷叶的部位不同，是在气温最高的植株上部出现卷叶，如图145；而病毒病卷叶则发生在下部，上部叶片呈现其他症状，如蕨叶等。

图144　疑似病毒病的除草剂飘移药害

图145　疑似病毒病的高温性卷叶

（5）在没有蘸花之前出现蕨叶和僵化叶片。这种现象一般在早春栽培的棚室中容易发生，如图146。秧苗越小，受害越重。进风口部位受害严重。时间在早春，还不是病毒病显症的时间，查看植株长势基本一致，只是局部并且是方向一致的部位发病，应诊断为春季麦田除草剂2,4-滴丁酯的飘移药害所致。

（6）植株叶片皱缩僵化、脆硬、较小。查看整个植株和叶片，长势均匀，个体之间没有太大的差异；叶片没有花叶症状中的斑驳和明脉，只是叶片普遍窄小、变厚，伸展不开，叶色深绿，如图147，手折叶片易断，症状普遍，棵棵发生，上下一致，应该从人为因素的多种农药混用入手排查，确诊为高浓度药害所致。

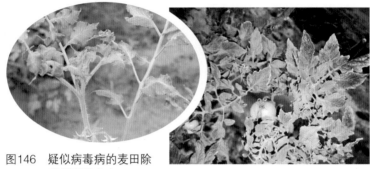

图146　疑似病毒病的麦田除
　　　　草剂飘移药害

图147　疑似病毒病的药害植株

（7）看似病毒造成的僵化果，但是整个植株没有病毒病症状，仅仅是果实僵化，如图148。生长调节剂或膨大剂的作用往往是两方面的：一是促进生长，可使果实膨大，使用的是低浓度剂量；二是抑制生长，可起到保花保果的作用，使用的是高浓度剂量。菜农在实际操作中，总是怕药劲儿不够，随意加大生长调节剂使用浓度，但往往事与愿违，高浓度的刺激反而抑制了果实的膨大，造成僵果。

（8）番茄幼苗生长正常，从第三片真叶开始叶片细长，似蕨叶，有的似针状，如图149。追查育苗管理人员的用药防

图148　疑似病毒病的生长调节
　　　　剂药害造成的僵化果

图149　疑似病毒病的唑类药害导致的
　　　　畸形幼苗

病情况，是使用唑类药剂时对极小幼苗的生长产生了抑制作用。

【发病原因】病毒是不能在病残体上越冬的，种子本身不带病毒，只能靠冬季尚还生存的多年生杂草、种植的蔬菜，如越冬的番茄、黄瓜以及十字花科叶菜类等冬季存活的蔬菜为寄主存活越冬。来年在存活寄主上发病，再由蚜虫取食或摩擦接触传播，发展蔓延。高温干旱有利于蚜虫繁殖和传毒，适合病毒病发生。管理粗放，田间杂草丛生和紧邻十字花科留种田的地块发病重。防治病毒病铲除传毒媒介是非常关键的。

【救治方法】

生态防治:

(1) 彻底铲除田间杂草和周围越冬存活的蔬菜老根，尽量远离十字花科菜田。

(2) 增施有机肥，培育大龄苗、粗壮苗，加强中耕，及时灭蚜，增强植株本身的抗病毒能力是关键。

(3) 秋延后种植除要适当晚播避开蚜虫迁飞时间外，最好在育苗时加护防虫网，采用"两网一膜"，即防虫网、遮阳网、棚膜来降低棚温和防止蚜虫、白粉虱、蓟马的为害，如图150。加防虫网是育苗期最有效阻断传毒媒介的措施。没有条件的可采用小拱棚防虫网。

图150　夏秋季育苗多采用"两网一膜"设施

(4) 露地种植可以采用间作套种，适当播一些高秆作物遮阳降温。

(5) 利用蚜虫的驱避性，采用银灰膜避蚜、黄条板涂抹机油诱杀蚜虫。

药剂防治:可用强内吸杀虫剂 25%噻虫嗪水分散粒剂或

24.7%高效氯氟氰菊酯·噻虫嗪微胶囊悬浮-悬浮剂一次性灌根防治，持效期可长达25～30天。方法是：在移栽前2～3天，用25%噻虫嗪水分散粒剂1 500～2 500倍液（或1喷雾器水加6～8克药）或24.7%高效氯氟氰菊酯·噻虫嗪微胶囊悬浮-悬浮剂10毫升对15升水喷淋幼苗，使药液除喷叶片以外还要渗透到土壤中。平均每平方米苗床喷药液2千克左右（2克药对1桶水喷淋100株幼苗），有很好的治虫预防病毒病作用。喷药杀虫可选用25%噻虫嗪水分散粒剂2 500～5 000倍液、24.7%高效氯氟氰菊酯·噻虫嗪微囊悬浮-悬浮剂3 000倍液、10%吡虫啉可湿性粉剂1 000倍液或2.5%高效氯氟氰菊酯水剂1 500倍液，苗期发病可选用20%吗啉胍A可湿性粉剂500倍液或1.5%植病灵乳油1 000倍液等喷施，对病毒有一定的抑制作用。

褐 斑 病

【典型症状】褐斑病常发生在番茄生长的中后期，主要为害叶片。染病初期叶片呈水渍状褐色小斑点，病斑颜色较鲜亮，逐渐扩展成不规则深褐色，如图151，病斑中央具灰褐色亮斑，并在周围伴有一条轮纹宽带，严重时病斑连片，导致叶片脱落，如图152。

图151　感染褐斑病的番茄叶片

图152　重度感染褐斑病的植株

【发病原因】病菌以菌丝体或分生孢子器随病残体在土中越冬，借风雨传播，从伤口或气孔侵入。高温、高湿条件下发病严重。春季设施番茄生长后期和雨季有利于病害流行。

【救治方法】

生态防治：实行轮作倒茬；地膜覆盖方式栽培可有效减少初侵染菌源；适量浇水，雨后及时排水；结果后期打掉老叶，加强通风；合理增施钾肥和锌肥，注意补镁、补钙。

药剂救治：建议采用作物保健性整体防控方案，即一生病害防治大处方进行整体预防。病害有潜伏期，发病后防治会非常被动。

可采用25%嘧菌酯悬浮剂1 500倍液预防，会有非常好的效果，也可选用75%百菌清可湿性粉剂600倍液、56%百菌清·嘧菌酯悬浮剂1 000倍液、32.5%苯醚甲环唑·嘧菌酯悬浮剂1 200倍液、10%苯醚甲环唑水分散粒剂1 500倍液、80%代森锰锌可湿性粉剂600倍液、70%代森锌干悬浮剂600倍液、50%多菌灵·乙霉威可湿性粉剂500倍液等喷雾，盛果后期重症时可以考虑喷施25%苯醚甲环唑·丙环唑乳油4 000倍液进行防控。

线 虫 病

【典型症状】线虫病菜农俗称"根上长土豆"的病，如图153。主要为害植株根部或须根。根部受害后产生大小不等的瘤状根结，剖开根结感病部位会发现很多细小的乳白色线虫埋藏其中，如图154。地上部植株会因发病生长衰弱，中午时分有不同程度的萎蔫现象，并逐渐枯黄，如图155，造成地上植株生长衰弱并减产。

图153　番茄线虫病根部症状

图154　根结感病部位多有细
小的乳白色胞囊

图155　重度感染线虫病的衰弱番茄植株

【发病原因】线虫生存在 5 ～ 30厘米的土层之中，以卵或幼虫随病残体遗留在土壤中越冬，借病土、病苗、灌溉水传播，可在土中存活 1 ～ 3年。线虫在条件适宜时由寄生在须根上的瘤状物，即虫瘿或越冬卵孵化形成幼虫后在土壤中移动到根尖，由根冠上方侵入定居在生长点内，其分泌物刺激导管细胞膨胀，形成巨型细胞或虫瘿，称根结。田间土壤的温、湿度是影响卵孵化和繁殖的重要条件。一般喜温蔬菜生长发育的环境也适合线虫的生存和为害。随着北方深冬季种植番茄面积的扩大和种植时间的延长，保护地栽培番茄给线虫越冬创造了很好的条件。连茬、重茬种植番茄发病尤其严重。越冬栽培番茄线虫病害发生普遍，已经严重影响了番茄生产和经济效益。

【救治方法】

生态防治：

（1）无虫土育苗：选大田土或没有病虫的土壤与不带病残体的腐熟有机肥按6∶4比例混匀，每立方米再加入 100毫升 1.8%阿维菌素乳油混匀用于育苗。如果使用本棚育苗，建议把育苗盘或营养钵架起来，使育苗土或根系不接触地面，减少幼苗根系感染。

（2）冬季断茬，灌水深翻冻晾，使线虫自然死亡。打破线虫周年食物链和生存环境，利用冬季寒冷，减少线虫数量。

（3）秸秆生物反应堆控病：在连续种植番茄的棚室，土传病害逐年严重，造成减产，如青枯、枯萎、茎基腐及根结线虫等病害日益加重。利用秸秆生物反应堆及高温闷棚技术不仅能有效防治这些土传病害，还能改善土壤结构、增高地温、增加棚内二氧化碳浓度。

① 秸秆生物反应堆建造技术：在每年的 7～8 月，按照日光温室的种植习惯，南北向挖沟，沟宽 80 厘米、深 45～50 厘米，长度与温室的种植行相同。沟挖好后，沟内填麦秸至沟深的 1/2 处时，踩压找平。每 677 米^2 施秸秆速腐菌种 2 千克，随之加第二层麦秸，再撒 4～5 千克菌种，然后覆土 3～4 厘米，沟内灌水以充分湿透秸秆为宜，然后以 30 厘米 × 40 厘米距离打孔，孔径 3～4 厘米，沤闷 7～8 天，再进行第二次覆土，覆土厚度控制在 30 厘米左右，结合第二次覆土可施入腐熟圈肥，每 677 米^2 施 7 000～8 000 千克，鸡粪 2～3 米^3，在做小高垄之前施入尿素 30 千克、磷酸二铵 40 千克、硫酸钾 10 千克，小高畦做好后再一次打孔。秸秆速腐菌属好气性微生物，只有在有氧条件下菌种才可能活动旺盛，发挥其功效。因此，在建设秸秆反应堆的过程中，打孔是非常关键的措施。

② 高温闷棚：番茄拉秧后的夏季，深翻土壤 40～50 厘米并每 677 米^2 沟施农家肥 4～5 米^3，可随即加入松化物质玉米秸秆每 677 米^2 5 000 千克，加入尿素 10 千克、腐菌酵素 4 千克，深翻土地，挖沟并大水漫灌后覆盖棚膜高温闷棚，或铺施地膜盖严压实。15 天后深翻地再次大水漫灌闷棚持续 20～30 天，可有效降低线虫病的为害。处理后的土壤种植前注意增施磷、钾肥和生物菌肥。这里提示注意的是：高温闷棚耕作层 20 厘米土壤温度一定要持续达到 40℃ 以上 15～20 天，土壤杀菌效果才会理想，高温闷棚后取耕作层 20 厘米处的土培养基测试杀菌效果，观察不同土层温度处理后的微菌核萌发情况，40℃ 闷棚处理杀菌效果最理想，如图 156。

③ 生物氮反应堆法灭菌杀线虫：此方法适合南方略酸性土壤。操作步骤：清棚前浇一遍水、拔秧→用未完全腐熟的

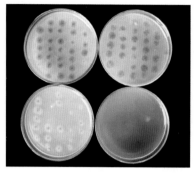

图156　闷棚后不同土层土温杀菌效果测试

农家肥或碎秸秆均匀地撒在土壤表面→每667米²用60～80千克氰氨化钙均匀撒施在土壤表层→旋耕土壤10厘米深使其混合均匀→再浇一次水→覆盖地膜→高温闷棚7～15天，然后揭去地膜，放风7～10天后可做垄定植。处理后的土壤栽培前注意增施磷、钾肥和生物菌肥。

药剂防治：

（1）一般线虫为害在番茄生长中后期表现症状。但是考虑到药剂残留期和果实安全性，早期防控才能达到理想效果，因此药剂防治必须在定植前进行。定植前沟施10%噻唑磷颗粒剂每667米²1.5～2千克，施药方法为定植前平整土壤后将药剂与细沙或肥料混匀，均匀撒施于土壤表面或沟中，旋耕后尽快定植并浇定植水。此药仅建议定植前施用，不提倡种植后灌根，以避免因药剂过剩造成药害和残留。

（2）生长中期施药可以选用41.7%氟吡菌酰胺悬浮剂每667米²55～66毫升滴灌或灌根。人工灌根施药可以按10毫升药剂对水16升，松动喷头对准植株，每株停留3秒钟，这样大约每16升背负式喷雾器可以灌根350～370棵植株。此药也可以在定植前施药。

三、番茄生理性病害的诊断与救治

在蔬菜生产一线，菜农对生理性病害的认知非常模糊。生理性病害已经成为影响蔬菜优质高效生产的重要障碍。生理性病害发生比率正逐年提高，因误诊而错误用药，进而产生各种药害、肥害等现象普遍发生；又因多种农药混施造成复合症状，给诊断带来难度。我们以蔬菜生长的部位和相似症状来分类诊断。

土壤盐渍化障碍

【典型症状】土壤盐渍化的地块植株生长缓慢、矮化，产量明显下降，如图157。叶色深绿而翘，老叶叶缘浅黄褐色、枯萎，如图158。老化叶片边缘有裂叶现象。果实着色不均，出现绿肩果，如图159；重症时，出现半青果，如图160。

图157 盐渍化地块番茄长势缓慢

图158 叶缘浅褐色枯干的叶片

图159 盐渍化地块生长的番茄绿肩果

图160 重度盐渍化地块长出的半青果

图161　疑似盐渍化障碍的缺锌症

【非典型症状】叶片边缘橘黄色，叶色深绿不翘缘，如图161，此症为缺锌症状。

【发病原因】在重茬、连茬地块，有机肥严重不足，长期施用化肥，使硝酸盐在土壤中逐年积累。由于肥料中的盐分不会或很少向下淋失，而是借毛细管水上升到表土层积聚，使植物根压过小，造成各种养分吸收、输导困难，致使生长缓慢。植株根压过小，土壤反而向植株索要水分造成局部水分倒流，同时棚室中的温度高，水分蒸发量大，叶片因水分和养分不足，呈边缘枯干状重症，呈现盐渍化枯萎状。

【救治方法】对于连年种植蔬菜的棚室，每年都有非常高的投入和产出，土壤的养分消耗非常大，盐渍化土壤是每一个菜农必须面对的问题。因此，要想优质、高产就要对连作土壤投入大量的有机质肥料和进行土壤通透性改良。盐渍化土壤改良，增施有机肥，测土施肥，尽量不用容易产生盐类的化肥，如硫酸铵。重症地块灌水洗盐，泡田淋失盐分，并及时补充因流失造成的钙、镁等微量元素。深翻土壤、增施腐熟秸秆等松软性物质，加强土壤通透性和吸肥性能。

土壤盐渍化改良即高温闷棚操作步骤：

①拉秧清棚。②深埋感病植株或烧毁。③撒施石灰和稻草或秸秆及速腐剂每667米²5～10千克，一同施入腐熟鸡粪、农家肥、磷酸二铵。④深翻土壤。⑤水浸透棚田。⑥铺上地膜和封闭大棚。⑦持续高温闷棚20～30天进行土壤消毒，保持土壤温度在50℃以上，灭菌减害。注意可以放置土壤测温表、观察土壤温度。揭开地膜晾晒后即可做垄定植。这个方法可有效杀死土壤中的病菌与虫卵。

缺 钾 症

【典型症状】钾可在植株体内移动，植株缺钾时老叶中的钾就会移动到生长旺盛的新叶，从而导致老叶呈缺钾症。在生长早期，叶缘出现轻微的黄化现象，继而叶缘枯死，随着叶片不断生长，叶向外侧卷曲，如图162，症状在品种间有显著差异。叶缘完全变黄多为缺钾。果实会因钾的缺乏和分布不均影响体内糖分储备和细胞的渗透压，成熟时形成透明果，如图163，幼果期表现为绿肩果，如图164。

【发病原因】虽然氮、钾肥在施入复合肥时是等量和同步的，但是每生产2 500千克番茄需要吸收5千克氮、2.5千克磷和16.5千克钾，也就是说番茄对氮、磷、钾的总体吸收比例为

图162　叶缘枯黄外卷的缺钾叶片

图163　缺钾后影响体内糖分储备和转化而产生的透明果

图164　缺钾造成的绿肩果及正常与缺钾果比较

三、番茄生理性病害的诊断与救治

无公害蔬菜病虫害防治实战丛书

1 : 0.5 : 3.3，在充分施入大量氮肥做底肥的基础上，冲肥时要以补充钾肥为主，对番茄膨果较为有利。钾的吸收量是氮的 1 ～ 2 倍，因此，在有机肥不足补充含有氮、钾的复合肥时，连年种植的地块，钾会越来越少，生长后期缺钾现象经常发生。氮肥、磷肥的过量施用也会导致番茄吸收钾肥障碍。在沙性土壤上栽培时易缺钾。地温低、湿度大、日照不足，会阻碍番茄对钾的吸收。

【救治方法】施用足够的钾肥，特别在生育的中、后期，注意不可缺钾；每株番茄对钾的吸收量平均为 7 克，确定施肥量时要考虑这一点；施用充足的优质有机肥料；如果钾不足，每 667 米^2 可一次追施速效钾肥 3 ～ 5 千克。生产中常用生物钾或氨基酸钾肥快速补充土壤缺钾时造成的转色不均的缺陷。缺钾也会影响铁的吸收。因此，补充钾肥的同时，应该适当补铁，二者可同时进行。可用 0.3% ～ 1% 硫酸钾、氯化钾喷施，或施用生物钾肥，或补充水溶性好的古米钾（速效钾）或喷施氨基酸生物激活素（益施帮）增加果实商品性和等级。

缺 镁 症

【典型症状】在番茄生长发育过程中，下位叶的叶脉间叶肉渐渐失绿变黄，进一步发展，除了叶缘残留点绿色外叶脉间均黄化，如图 165；当下位叶的机能下降，不能充分向上位叶输送养分时，其稍上位叶也可发生缺镁症；缺镁症状和缺钾相似，区别在于缺镁是先从叶内侧失绿，缺钾是先从叶缘失绿；缺镁症品种间发生程度和症状有差异。低温寒冷条件下，植株首先表现为叶肉褪绿，如图 166。

【发病原因】镁是植株体内所必需的营养元素之一。由于施氮肥过量造成土壤呈酸性影响镁的吸收，或钙中毒造成碱性土壤也影响镁的吸收，从而影响叶绿素的形成，造成叶肉黄化。低温时，氮、磷肥过量，有机肥不足也是植株呈缺镁症的重要原因，生产中缺镁常常伴随着低温寒冷造成根系吸收营养低下，叶肉黄化褪绿，这也是寒害的前兆。根系损伤对养分的吸收量下降，引

图165　叶脉间叶肉渐渐失绿的缺镁叶片　　图166　重度缺镁叶肉失绿白化的植株

起最活跃叶片呈缺镁症也是不容忽视的。土壤中含镁量低的沙土、沙壤土，未施用镁肥的露地栽培的地块易发生缺镁症。

【救治方法】增施有机肥，尤其是增施生物海藻菌肥，增强根系活性。合理配施氮、磷肥及配方施肥非常重要。及时调试土壤酸碱度，改良土壤，避免低温。如缺镁，在栽培前要施足钙、镁、锌、硼肥；同时应注意土壤中钾、钙的含量，在补镁的同时应该加补钾肥、锌肥。多施含镁、钾肥的厩肥。叶片可喷施55%氨基酸生物激活素（益施帮）400倍液，会有不错的补镁效果。也可用1%～2%的硫酸镁和螯合镁、螯合锌等。

缺钙症（脐腐病）

【典型症状】钙素在植株体内不易转移，缺钙时首先是幼叶表现失水黄化症状，继而干枯变褐，如图167。果实病斑产生于果面上，初期呈水渍状暗绿色，如图168，逐步发展为深绿色或灰白色凹陷，如图169。成熟后斑点褐变不腐烂，但有杂菌腐生，如图170。这是人们常说的脐腐病或脐腐果。

【发病原因】由植株缺钙引起，有时虽然土壤中不缺钙离子，但是连续多年种植番茄的棚室，过量施用氮、磷、钾肥会造成土壤盐分过高，会引发缺钙现象发生。干旱时，土壤液体浓缩，根系吸水减少，抑制钙离子的吸收，造成果实成熟时体

无公害蔬菜病虫害防治实战丛书

图167 缺钙新叶黄化,叶缘失水干枯

图168 呈灰白色凹陷斑的缺钙果

图169 凹陷果实转色后病斑依然灰白色不腐烂

图170 重症果脐凹陷褐变,有杂菌腐生

内糖分分布不均衡,糖转化失调,产生不转色的凹陷斑。盐渍化障碍、高温、干旱和旱涝不均的粗放管理是造成缺钙的主要原因。根群分布浅,生育中、后期地温高,易发生缺钙。

【救治方法】①施有机肥特别是腐熟好的腐殖质含量高的松软性肥料,改善土壤的透气性,改变根系的吸收环境。②调节土壤的pH至中性,酸性土壤应及时补充石灰质肥料。③尽量避免连年多茬种植同一种作物。④肥水管理上应避免过量施用氮肥和含有氮肥的复合冲施肥。建议多用水溶性氨基酸复合肥、生物钾肥、海藻菌冲施肥,如用古米钙、镁钙镁类速效钙肥补充钙元素。适当保持土壤含水量,可以考虑使用一些具有保水功能的松土精或阿克吸等保水剂。

果实膨大期可叶面喷施3.4%赤·吲乙·芸可湿性粉剂

7 500倍液，即每袋药（1克药）加15千克水（1喷雾器），或0.1%～1%的氯化钙，加入少量的维生素B$_6$可以防止高温强光下形成的过量草酸，对预防缺钙有较好的效果。

缺 硼 症

【典型症状】缺硼植株新叶停止生长，生长点附近的节间显著缩短，上位叶向外侧卷曲，叶缘部分变褐色，叶缘黄化并向纵深枯黄，呈叶缘宽带症，如图171；果皮龟裂、硬化，如图172。停止生长的果实典型性症状是我们常说的网状木栓化果。

图171　缺硼叶缘黄化

图172　果皮龟裂、硬化的缺硼果

【发病原因】硼参与碳水化合物在植株体内的分配，缺硼时植株生长点坏死，花器发育不完全。新叶、茎与果实因生长停止，叶缘黄化并向叶缘纵深枯黄，大田作物改种蔬菜后容易缺硼。多年种植番茄，有机肥不足的碱性土壤和沙性土壤，施用过多的石灰降低了硼的有效吸收以及干旱、浇水不当、施用钾肥过多和钾肥过剩都会造成硼缺乏。缺硼时，并不对吸收钙的量产生直接影响，但缺钙症同时伴有缺硼症发生。

【救治方法】改良土壤，多施有机肥，增加土壤微生物活力，增加土壤的保水能力，合理灌溉。底肥中应施足大量元素后辅助施用微量元素，尤其是沙性土壤，水肥易流失，补充硼肥应与补充大量元素的复合肥同时进行。生产中用萌帮水溶肥大量元素＋"昆卡"中量微量元素组成套餐做底肥，整地时一起施入，对改良硼、锌、钙、镁元素的缺乏有很好的效果。或者补充持效硼，花期叶面喷施多聚硼、古米硼钙、瑞培硼或新禾硼。注意配置时，硼砂如果使用不当会加重土壤碱性。

筋腐病（疙瘩果）

【典型症状】病果初期凹凸不平，局部下陷，如图173，果皮颜色初时变浅，如图174，有的呈现变色条斑，一般为褐色，条斑形状不规则，果实坚硬不腐烂，如图175。切开病果可见褐色坏死性筋腐条纹，如图176。果实着色不均匀，没有商品价值。

【发病原因】筋腐病的发生是由于番茄植株体内的碳水化合物不足、代谢失调，导致维管束木栓化。一般用化肥、复合

图173 感病果实初期凹凸不平局部下陷

图174 果皮颜色变浅呈灰白色

图175 变色筋腐病果

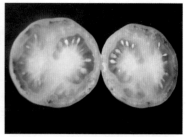

图176 剖开病果可见褐色坏死条斑

肥做底肥，栽培管理不良，过量施氮肥，土壤盐渍化严重，造成缺钾、镁肥，使植株体内缺失多种微量元素，秋延后栽培初期，棚室夜晚温度高，会造成碳水化合物的供给不足和分布不均，造成黑筋果、白化果、青斑果、透明玻璃斑果。

【救治方法】

选用抗病品种：可选用惠裕、凯撒、齐达利、中研100、益佰芬、西贝等较抗病的品种。

生态防治：合理密植，增施有机肥和生物菌肥，配方施入氮、磷、钾肥和复合肥。开花坐果期应注意复合肥的施用，尤其是适量施入锌、镁、钙、铁等微量元素的氨基酸复合肥。生产中坐果期及时施入萌帮的卡丁系列水溶性肥套餐，或多维禾谷花果宝肥和生物海藻菌肥，可缓解筋腐病发生。

氮（中毒）过剩症

【典型症状】植株组织柔软，贪青徒长，叶片肥大，叶色浓绿，叶片外翻，如图177，顶端叶片卷曲，叶片易扭转，有时呈勺叶，易落花落果，如图178。氮素过剩会造成植株旺长和果实贪青不转色，如图179。

图177　氮过量植株的叶片

图178　植株氮过剩叶片扭转呈勺状

图179　氮素过剩造成番茄果实转色障碍

三、番茄生理性病害的诊断与救治

无公害蔬菜病虫害防治实战丛书

【发病原因】过量施入氮肥，使氮肥转化成了氨基酸进而转化成生长素，刺激了植株幼叶的快速生长。连茬种植蔬菜唯恐施肥不足而大量施入氮肥是造成氮过剩（中毒）的主要原因。

【救治方法】

（1）测土配方施肥，多施有机肥，严格掌握化肥的施入量。

（2）秸秆还田，增强土壤的通透性，避免硝态氮的产生及中毒现象。

（3）增加灌水，避免根系因氮过量而引起中毒。

缺 铁 症

【典型症状】植株缺铁的主要症状是顶端叶片及生长点黄化，如图180，症状主要表现在植株上部叶片，如图181。

图180　呈缺铁症的番茄植株

图181　缺铁条件下的番茄黄化长势

【发病原因】碱性土壤和盐渍化土壤易发生缺铁症，过量施入磷肥造成磷中毒，土壤中的铁与磷形成不能被吸收的沉淀物（磷酸铁）。低温、土壤干旱和潮湿均会影响铁的吸收。

【救治方法】

（1）增施有机肥，碱性土壤多施酸性肥料。

（2）缺铁地块每667米^{2}加施螯合铁肥1～2千克。

（3）合理浇水，避免大水漫灌。

（4）喷施叶面肥，可选用 0.1%～ 0.2%硫酸亚铁水溶液或螯合铁微肥等。

低温障碍

【典型症状】番茄是喜温作物，对寒冷环境的耐受程度是有限的。冬春季或秋冬季栽培番茄或育苗时，遭遇低温或霜冻，在高湿环境下植株呈现淋湿状寒害症，如图182。突遇霜冻寒风闪秧，植株受到疾风寒害叶片会出现暗绿色或水渍状不规则斑块，如图183。深冬季节育苗时，棚室温度长时间处于5 ～ 10℃，花青素增加使叶片呈现紫红色，如图184。温度持续徘徊在5℃时，受低温寒害的番茄植株叶缘就会失绿、白化，如图185。遭遇突然霜冻，温差大时（温度2℃以下），寒冬季

图182　受低温寒害植株淋湿状

图183　疾风霜冻闪秧造成暗绿色或水渍状不规则斑块

图185　持续低温环境下含水量高的叶缘首先受寒害失绿

图184　温度骤降造成的紫色斑叶片

节，棚室保温措施较差，植株长时间生存在5℃以下的低温环境里叶片失绿呈白化状，如图186，果实长期生存在寒冷环境果皮受冻生有褐色冻疮斑块，如图187，植株会因持久冷害失绿而死亡。

图186　植株长期受冻叶肉细胞首先失绿白化

图187　番茄果实受冻长有冻疮性褐色斑块

【发病原因】因番茄是喜温型作物，生长适温为24～26℃，夜温13℃以上可以正常发育，低于13℃发育迟缓，低于10℃茎叶停止生长，低于6℃植株就会受寒害，长时间生存在寒冷的环境里会因冷害而死亡，突然遭受零下温度会迅速冻死。

【救治方法】

（1）选种耐寒、耐低温、耐弱光的适合于冬季种植的品种。如中研冬悦、中研998、迪芬尼、浙粉706、迪利奥等。

（2）根据生育期确定低温保苗措施，避开寒冷天气移栽定植。

（3）苗期注意保温，可采用加盖草苫，覆盖棚中棚进行提温抗寒。

（4）突遇霜寒，应采取临时加温措施，烧煤炉或铺设地热线、土炕等。生产中有菜农使用多个游动煤炉在棚室中驱寒应对突降大雪温度骤降的成功范例，推荐试用。

（5）喷施抗寒剂。可选用55%益施帮悬浮剂400倍液、3.4%赤·吲乙·芸可湿性粉剂7 500倍液，或50克红糖对15升水加0.3%磷酸二氢钾喷施。

高温障碍（日灼病）

【典型症状】

（1）番茄是喜温湿不耐强光的作物。生长适温24～26℃，小于5℃吸收受阻，30℃以上发育缓慢，高于38℃影响养分积累。在高温强光条件下番茄会因蒸腾快叶片营养消耗大于积累而叶片黄化，如图188，叶片纵向上卷，重症整株上下叶片均成筒状，叶片变厚、变脆而硬，如图189。高温卷叶与低温卷叶的区别在于低温卷叶的同时叶片褪色黄化，高温卷叶叶片变脆不褪色。高温强光直射位置

图188　高温强光下蒸腾造成的植株生理性黄化

的叶片叶缘失水性萎蔫、干枯，如图190，有时局部棚温达到40℃以上甚至45℃以上时，幼苗嫩叶易出现高温灼伤现象。

图189　重症高温卷叶呈筒状叶片变厚变脆

图190　高温强光直射引发叶缘失水性烫伤

（2）高温环境下遭遇土壤底肥不腐熟，或底施化肥、二胺尿素等，土壤氨气或有害气体熏蒸也会造成植株叶脉间叶肉褪绿，形成黄色斑驳，部分或整个叶片褪绿黄化，如图191。

（3）一般番茄品种抗（耐）热性较高，但不同品种间抗

（耐）热性有一定差异。在经历持续高温的环境条件下，除卷叶和温度高于32℃时番茄花粉老化而造成落花落果，如图192，成熟期的果实还会出现裂果现象，如图193。高温条件下突遇降雨降温，大温差也会造成裂果，如图194。高温暴晒下番茄果皮会脱水性萎蔫褐变（日灼病），如图195。高温暴晒下番茄果皮呈沙点状，如图196。

图191 高温有害气体熏蒸造成黄化斑驳的植株和叶片

图192 高温32℃以上番茄花穗自然脱落

图193 成熟期果实高温下易裂果

图194 高温下降雨大温差造成脆裂果

图195 高温暴晒下番茄果皮脱水性萎蔫褐变

图196 高温暴晒下番茄果皮沙点状

【发病原因】番茄在白天温度高于38℃、夜间温度高于25℃条件下生长受到抑制，坐果率低，容易落花落果。越夏棚室在超过45℃时叶片会发生灼伤，叶缘干枯，植株黄化、萎蔫、卷叶，果实裂果，干旱条件下受害症状更严重。

【救治方法】

（1）用耐热、耐强光的抗热品种，如惠裕、先达5号、凯撒、益佰芬、齐达利、瑞菲、金盾等。

（2）通风降温，露地栽培注意晴天暴雨后的涝园管理，避免雨后突然放晴的高温烤秧、灼叶。保护地注意加大风口透气，遮阴降温。使用遮阳网是最好的防范措施，也可涂抹利凉剂。示范户为了节约成本，在棚膜的内膜上喷施墨汁遮挡强光的方法也很有效。棚室喷水降温效果也不错，但应注意防止由于增加湿度导致病害大发生。

无公害蔬菜病虫害防治实战丛书

四、番茄肥害的诊断与救治

【典型症状】在设施栽培番茄基地，人们追求高产和高效益，底肥一次性施入大量甚至过量的农家肥是新建园区或基地棚室的普遍现象。不但造成底肥浪费，还经常伴有不腐熟肥料入地后的二次腐熟对秧苗造成的肥害，是番茄定植后对秧苗健康生长的主要威胁，如图197。

盛果期是菜农频繁追施肥料的时期，氮肥施入量远远超出番茄生长所需求总量的5～10倍之多。加之盛果期是气温较高的季节，土壤中堆积的过剩肥料、追施过多的水溶性冲施肥，沤根、熏蒸、有害气体的蒸发和植株的蒸腾作用都会造成叶片出现叶缘变色、氨气中毒、干边烧叶现象，如图198。一次性施肥过量会造成大面积疑似晚疫病症的叶片干枯现象如图199。

在生产中人们对冲施肥的认知不是很充分，往往认为多施点没坏处，其实不然。有时随水施入浓度过高的肥料会造成突发生长点部位的新叶和幼芽烧灼性褪绿，如图200。有些一次性冲施过量的氮肥会造成成片的烧灼叶片，如图201。叶面肥浓度过高对作物速效作用过快，会造成叶片增厚、皱缩和叶片僵化，如图202，叶片变脆、扭曲畸形，茎秆变粗，抑制生长，造成微肥中毒。

图197　底肥不腐熟烧根使番茄秧苗叶片黄化

图198　氨气中毒叶缘变色、干枯烧叶状

图199　冲施大剂量肥造成氨气熏蒸　　　图200　高浓度肥料施入导致植株生长
的叶片白化斑点　　　　　　　　　　　点新叶幼芽烧灼性褪绿

图201　高温下叶面肥造成的叶片　　图202　过高浓度的叶面肥致使
皱缩，生长受抑制　　　　　　　　植株茎秆畸形抑制生长

【救治方法】严格掌握喷施叶面肥的剂量，高温环境喷施叶面肥利用早晚温度较低的时间段进行喷施，应尽量避开中午。冬早春喷施的剂量因生长时间相应较短，叶面肥的喷施剂量减半，或参考厂家说明书进行控量。做到合理施肥、配方施肥。夏季或高温季节追施化肥时，应在傍晚进行并及时浇水通风。有条件的棚室提倡滴灌施肥技术，可有效避免高温烧叶和肥水不均的状况。对于出现肥害的地块，每667米^{2}选用腐菌酵素2～4千克随水冲施或淋灌，尽快进行土壤中肥效转化，缓解肥害造成的植株生长抑制，用枯草芽孢杆菌生物肥冲施对缓解肥害有明显的效果。

五、番茄药害的诊断与救治

番茄药害主要有三类：一是飘移性药害，二是蘸花药害，三是混用农药药害。

【典型症状】

（1）飘移性药害：即本种植区域没有喷药记录，而是在本区域外的农作物种植区喷施药液，药液随风和气流飘移到蔬菜种植区域，造成番茄生长异常。生产中常有小麦除草剂2,4-滴丁酯存放于番茄棚室中对秧苗造成气味熏蒸致使番茄蕨叶的教训，如图203。种植时2,4-滴药液飘移对敏感的番茄多在春季拉开风口放风时造成药害，如图204，风口处的番茄植株多首先遭到药害气体熏蒸，植株生长受到抑制，茎秆变粗，叶片因叶肉细胞受害停止生长，而叶脉生长正常，呈爪状畸形。生产中经常被菜农误诊为病毒病，农民常称为"小叶病"，春季番茄生长后期常会遇到玉米田播种喷施封闭除草剂莠去津，飘移会造成棚室风口区域的番茄植株上部叶片叶缘上卷，叶片增厚、僵硬，抑制生长，如图205。

（2）蘸花药害：北方冬早春设施栽培番茄以来，为了提高坐果率，番茄的药剂辅助授粉措施已经非常普遍。番茄蘸花

图203　麦田除草剂存放在番茄棚内气味熏蒸造成的番茄蕨叶性药害

图204　麦田除草剂飘移造成番茄爪状畸形叶

生长调节剂有许多种类，蘸花方式也有多种。但是生长调节剂的剂量和温度对作物的敏感性和准确剂量人们掌握的还不是很准确，常常因蘸花剂量过高，番茄只形成空洞果，如图206，或造成果实崩裂如图207，轻者形成乳头型果实，如图208。同时在辅助授粉的操作中只对花穗喷药忽视激素药剂对生长点的刺激，其敏感性抑制往往造成番茄花穗和果实畸形。如喷花的2,4-滴药液雾滴飘落在幼嫩番茄茎和生长点上，就会产生疑似病毒病的蕨叶，幼嫩叶片纵向扭曲畸形、脆硬，如图209；如果喷花药液量过大，又是低矮拱棚，造成气体熏蒸，会对整

图206　蘸花药剂使用不当造成空洞果

图205　玉米除草剂飘移造成番茄上部叶片叶缘上卷，增厚僵硬

图207　蘸花药剂量过高致使番茄果实崩裂

图208　蘸花轻度药害形成乳头畸形果实

五、番茄药害的诊断与救治

无公害蔬菜病虫害防治实战丛书

个棚室植株上部茎蔓造成蕨叶性针状变态畸形，如图210。使用2,4-滴蘸花时很容易产生飘移气流对周围蔬菜瓜果作物造成药害，轻者有微型卷叶和僵硬脆叶，重者会抑制生长，使茎叶变态畸形，毁种现象时有发生。

图209　蘸花造成番茄蕨　　　图210　喷花药液造成气体熏蒸致
　　　　叶药害症　　　　　　　　　　使蕨叶性变态畸形

（3）混用农药药害：并不是单一或桶混施用所有农药都对番茄安全，混用农药易产生药害已被菜农认知，有时使用一种药剂也存在着不安全的药害风险。如嘧霉胺类在高温或高湿、弱光的环境下喷施番茄，易产生叶缘褪绿黄化现象，如图211。冬春季北方昼短夜长，生长缓慢的情况下，仍然喷施生长旺季时使用的调节剂用量，在植株叶片中药剂过量致使叶片畸形性皱缩，如图212，或生长点受抑制而缩顶，如图213，有时喷施催熟药剂乙烯利，人为造成植株局部枝叶黄化，如图214，目的是促进番茄转色，让番茄早熟，赶上一个好价钱。有时特意桶混施药以求广泛防治多种病害，而实际对作物生长造成烧灼性药害，如图215。

图211　嘧霉胺类农药在高湿、弱光
　　　　环境下造成番茄叶缘褪绿

【救治方法】生产中常使用的赤霉

图212 过量施药致使叶片
畸形性皱缩

图213 喷施药害造成的蕨叶皱缩

图214 喷施乙烯利催熟人为造
成的植株早衰黄化

图215 多种药剂桶混抑制生长
枝茎僵硬性药害

素虽然能缓解药害症状，但不能解决根本问题。实践中我们探讨用3.4%赤·吲乙·芸可湿性粉剂4 000倍液对药害植株予以调节，如果症状严重可以尝试加上0.2%芸薹素内酯可溶粉剂1 000倍液，加强刺激生长的作用，有一定效果，目前示范中采用益施帮300倍液喷施对缓解药害效果显著，但仍在探索中。救治也可继续选用赤霉素以缓解症状，或施用芸薹素、细胞分裂素等。同时，加强中耕施肥，促进植株生长。各项农业措施齐攻，效果会更好。

六、番茄各类易混淆病害图片对照比较识别

番茄黄化叶片病症比较识别

图121 初期感染黄化曲叶病毒病的花叶症

图122 叶缘呈典型黄化曲叶病毒病的宽带形黄化叶片

图136 番茄病毒病发病初期的斑驳花叶叶片

图157 盐渍化地块番茄长势缓慢叶缘黄化

图158 肥害熏蒸叶缘枯干叶片浅黄褐色

图165 叶脉间叶肉渐渐失绿变黄的缺镁叶片

图171　缺硼叶缘黄化叶片

图180　呈缺铁症的番茄植株

图188　高温强光下蒸腾造成的植
株生理性黄化

图197　底肥不腐熟烧根使番茄秧
苗叶片黄化

图200　高浓度肥料施入植株导致生
长点新叶幼芽烧灼性褪绿

图211　嘧霉胺类农药在高湿、弱
光环境下造成番茄叶缘褪绿

番茄果实病症比较识别

图2 激素蘸花过剩造成的畸形果

图4 低温环境下药剂过量造成的叶片皱缩

图11 硬果型番茄感染灰霉病时表现为鬼脸斑

图12 因品种不耐高温而裂果

图61 番茄早疫病果实

图34 染灰霉病的青果呈灰白色软腐

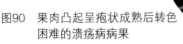

图90 果肉凸起呈疱状成熟后转色困难的溃疡病病果

图91　溃疡病的圆形"鸟眼斑"病果

图93　碳水化合物失调造成的维管束木栓化果实

图98　染细菌性斑疹病的病果果肉略凹陷

图99　细菌性斑疹病病斑黑褐色中间色浅微凹陷

图105　菌核病病果斑面长出白色菌丝体

图109　疑似菌核病病果的绵疫病病果

图115　绵疫病果实长出少量稀疏白色霉层

图140 出现条斑、云纹状皱缩的 褐色病毒病果实

图148 疑似病毒病的生长调节剂 药害性僵化果

图160 重度盐渍化地块长出的 半青果

图164 缺钾造成的绿肩果

图194 高温下降雨大温差造成 脆裂果

图235 蛞蝓啃食番茄果实

图234 棉铃虫幼虫啃食幼果果皮 留下灰褐色皮痕

七、番茄主要虫害与防治

烟 粉 虱

【为害状】成虫或若虫群集嫩叶背面刺吸汁液，如图216，使叶片褪绿变黄。由于刺吸汁液造成汁液外溢又诱发落在叶面上、果面上的杂菌形成霉斑，如图217，严重时霉层覆盖整个叶面及茎蔓，如图218。

图216 烟粉虱在番茄叶片上的为害状

图217 烟粉虱分泌物造成霉菌污染番茄果实

【为害习性】烟粉虱一般在温室为害，常年为害，周年均可发生。烟粉虱没有休眠和滞育期，繁殖速度非常快，一个月完成一个世代。雌成虫平均产卵150粒左右，每头雌虫还可以孤雌生殖10头以上的雄性子代。成虫喜食幼嫩枝叶，有强烈的黄色趋性。烟粉虱繁殖适温范围

图218 烟粉虱分泌物污染后霉层覆盖植株和果实

内，随着温度的提高，繁殖速度加快。18℃时发育历期31.5天，24℃时24.7天，27℃时22.8天。可见温度越高繁殖速度越快，为害作物就越严重。春末夏初烟粉虱繁殖加快，到了夏秋季节为害达到高峰。烟粉虱有十多种生物型，其中B型烟粉虱繁殖快、适应能力强、传毒效率高，是番茄黄化曲叶病毒最主要的传播介体。烟粉虱一旦获毒可在体内终生存在，属于持久性传毒类型。黄化曲叶病毒病的暴发与烟粉虱暴发密切相关，发病程度与虫口密度相关。当虫口密度达到每株5头时，植株的感病率就达60%，虫口密度越大，发病越严重。烟粉虱30～35天繁殖1代，以1头雌性烟粉虱产400个有效卵计算，3个月以后将是上亿头，可见杀灭烟粉虱对防治黄化曲叶病毒病的重要性。因此从防治上看应该是越早越好。

【防治关键】

天敌生物防治：棚室栽培可以放养赤眼蜂、丽蚜小蜂防治烟粉虱，还可兼防蚜虫等，如图219。

设置防虫网：为阻止烟粉虱飞入大棚为害，可设置40目（孔径约0.44毫米）防虫网，吊挂黄板诱杀，如图220。每667米^{2}吊挂30块黄板，置于棚室里风口1米内，地上距作物50厘米，幼苗时黄板吊挂高度在苗上方30厘米左右，如图221，随着生长，及时调整高度，这样可以随时诱杀残存在棚室网内的烟粉虱。

图219　丽蚜小峰寄生烟粉虱虫卵状

图220　秋季番茄种植棚室设置防虫网吊挂黄板模式

药剂防治：

（1）建议采用懒汉施药法：即穴灌施药（灌窝、灌根），用强内吸杀虫剂35%噻虫嗪悬浮剂，在移栽前2~3天时，以2 000~3 000倍的浓度（1桶水加10克药）对幼苗进行喷淋，如图222，使药液除叶片以外还要渗透到土壤中。平均每平方米苗床用药4克左右（即每桶水加2克药喷淋100棵幼苗），农民自己育苗的秧畦可用喷雾器直接

图221 日光温室定植苗初期吊挂黄板方式

淋灌定植后的秧苗，如图223。持续有效期可达20~30天，有很好的防治粉虱类的效果。用此方法可以有效预防粉虱和蚜虫媒介传毒的作用，俗称"懒汉防虫施药法"。

图222 幼苗淋灌施药方式

图223 定植后淋苗灌根施药方式

（2）喷雾施药：可选用24.7%噻虫嗪·高效氯氟氰菊酯微囊悬浮剂1 500倍液、25%噻虫嗪水分散粒剂1 000~2 000倍液喷施或淋灌，15天施1次，或用50%氟啶虫胺腈水分散粒剂2 000~3 000倍液、25%噻虫嗪水分散粒剂1 200倍液与2.5%高效氯氟氰菊酯水剂1 500倍液混用，或22.4%螺虫乙酯悬浮

剂1 500倍液、10%吡虫啉水分散粒剂1 000倍液喷雾防治。

蚜　虫

【为害状】蚜虫是以成虫和若虫在叶片上刺吸汁液，如图224，造成叶片卷曲变形，也常因为大量蚜虫刺吸致使叶柄和生长点扭曲、缩顶。蚜虫同时还是病毒的传毒媒介。

图224　蚜虫为害番茄叶片

【为害习性】蚜虫一年可以繁衍10代以上。以卵在越冬寄主上或以若蚜在温室蔬菜上越冬，周年为害。6℃以上时蚜虫就可以活动为害。繁殖适宜温度是16 ~ 20℃，春秋时10天左右完成一个世代，夏季4 ~ 5天完成一代。每头雌蚜产若蚜60头以上，繁殖速度非常快。温度高于25℃时的高湿环境不利于蚜虫为害，这就是为什么在高温高湿环境下，蚜虫反而减轻的缘故。北方蚜虫为害期多在6月中下旬和7月初。蚜虫对银灰色有驱避性，有强烈的趋黄性。

【防治关键】

生物诱杀：及时清除棚室周围的杂草。经常查看作物上有无蚜虫，随有即防。蚜虫同时还是传毒媒介，防治蚜虫可预防病毒病。铺设银灰膜避蚜。设置黄板诱蚜，也可就地取简易板材涂黄漆再涂上机油，如图225，或在棚中30 ~ 50米^{2}挂一块诱蚜板。

图225　土法制作黄油布捆绑在立柱上

药剂防治：建议早期采用

"懒汉灌根施药法"（见烟粉虱防治关键）。后期可选用24.7%噻虫嗪·高效氯氟氰菊酯微囊悬浮剂1 500倍液、25%噻虫嗪水分散粒剂1 000～2 000倍液喷施或淋灌，15天施1次，或用50%氟啶虫胺腈水分散粒剂2 000～3 000倍液、25%噻虫嗪水分散粒剂1 200倍液与2.5%高效氯氟氰菊酯水剂1 500倍液混用，或用22.4%螺虫乙酯悬浮剂1 500倍液、10%吡虫啉水分散粒剂1 000倍液、48%乙基多杀霉素乳油2 000倍液喷雾防治。

潜 叶 蝇

【为害状】潜叶蝇在番茄一生中均可为害，从子叶到各生长期的叶片均可受害，以幼虫潜入叶片，刮食叶肉，在叶片上留下弯弯曲曲的潜道，如图226，严重时叶片布满灰白色线状隧道，如图227。

图226　潜叶蝇幼虫留在叶片中的灰白色线状隧道

图227　潜叶蝇严重为害番茄整株叶片的田间景象

【为害习性】潜叶蝇在北方严寒的冬季无法过冬，只能在周年种植蔬菜的温室里越冬，因此在棚室中常年都有植物生长给潜叶蝇安全越冬和取食创造了基础。雌虫刺伤寄主叶片取食后留下食道作为产卵繁衍的场所。幼虫用口钩刮食叶肉，形成白色崎岖潜道。26.5℃是潜叶蝇适宜取食繁衍温度。这时也多

七、番茄主要虫害与防治

无公害蔬菜病虫害防治实战丛书

是春秋两季蔬菜种植生长高峰期。因此，控制潜叶蝇繁衍速度和早期杀灭是优质高产的保证。

【防治方法】

（1）清理田园，拉秧时把有潜叶蝇为害的病残体集中烧毁、沤肥或深埋。

（2）露地种植的番茄采用成虫诱杀法。用灭蝇诱杀卡诱杀成虫，在成虫盛发初期每667米^{2}设置15个诱杀卡，每15天更换一次。

（3）设置防虫网：从根本上阻止潜叶蝇进入番茄田。

（4）药剂防治：75％灭蝇胺可湿性粉剂5 000倍液、24.7％高效氯氟氰菊酯·噻虫嗪微胶囊悬浮-悬浮剂3 000倍液，或25％噻虫嗪水分散粒剂3 000倍加2.5％高效氯氟氰菊酯水剂1 500倍混用喷施，或50％氟啶虫胺腈水分散粒剂2 000～3 000倍液、25％噻虫嗪水分散粒剂1 200倍液与2.5％高效氯氟氰菊酯水剂1 500倍液混用，或22.4％螺虫乙酯悬浮剂1 500倍液、10％吡虫啉水分散粒剂1 000倍液、48％乙基多杀霉素乳油2 000倍液喷雾防治。

茶 黄 螨

【为害状】茶黄螨可为害番茄幼茎、幼芽、花蕾和幼嫩叶片，受害花蕾无法正常开花而脱落。受害植株叶片增厚，变脆，叶片畸形窄小细长，如图228，或皱缩、扭曲畸形，叶背面呈灰褐色卷曲，节间缩短。受害幼茎僵硬直立。为害严重时生长点枯死秃顶状，如图229，植株矮小，畸形。受害果实表皮僵硬木栓化。果实膨大后表皮龟裂，表面粗糙，黄褐色。被茶黄螨为

图228 黄螨为害番茄叶片状

害的植株叶片呈针状蕨叶状，秃尖，就是人们常说的"自封顶"现象，重症植株常被误诊为病毒病，常常与病毒病的蕨叶或除草剂、激素飘移药害症状相混淆，但植株不黄化且不矮化。

图229　茶黄螨重度为害番茄时生长点秃顶状

【为害习性】茶黄螨年发生25代以上。在北方露地不能越冬，只能以成螨在蔬菜温室大棚的土壤中和越冬蔬菜的根际处越冬。依靠爬行、风力和人为操作传带以及苗木转移扩展蔓延。茶黄螨繁衍很快，25℃时完成一代仅需要12.8天，30℃时10天就繁殖一代。成螨对湿度要求不严格，但是高温、高湿有利于该螨的繁衍。雄螨可以背负雌螨向植株幼嫩的枝叶移动。茶黄螨仅靠自身移动为害距离不大，这也是其点片发生的原因。远距离为害多与人为传带和移栽有关。因此幼苗繁育和移栽杀螨的作用非常重要。茶黄螨多在麦收后夏茬番茄上为害。

【防治关键】

（1）清理田园，秋冬季及时把有茶黄螨为害的植株集中烧毁、沤肥或深埋。清除棚室内的杂草。在定植下茬作物之前，棚室内不留任何过渡性蔬菜和秧苗。切断茶黄螨越冬食物链，净化棚内虫源。冬季可以清棚，拉开棚膜3～5天，冻晾存在棚内的越冬虫源，可以有效减少为害。

（2）药剂防治：茶黄螨生活周期较短，繁殖力强，应注意早期防治，可选用10%噻螨酮乳油2 000倍液、40%克螨特乳油2 000倍液、20%哒螨灵乳油1 500倍液或20%四螨嗪悬浮剂2 000～2 500倍液喷施。

棉铃虫、烟青虫

【为害状】以幼虫蛀食番茄的花蕾、幼果，如图230，食害嫩芽、幼茎和叶片，如图231。主要危害是蛀果，如图232，因蛀果钻孔造成孔内积雨水，杂菌易侵入引起腐烂，如图233，造成严重减产。为害番茄的多是一代棉铃虫，5月中下旬春季保护地生长后棉铃虫、烟青虫蛀食番茄果实期，因棚温高不再堵风口后偶有发生。越夏、露地种植的番茄会在盛果期（7月初）遭受二代棉铃虫、烟青虫幼虫为害。秋季种植的会在盛果期的9月遭受四代棉铃虫或烟青虫幼虫为害。幼虫蛀食果实、幼蕾和啃食幼果果皮，如图334。致使落花、落蕾，果实皮腐，失去商品价值。

图230　幼虫蛀食番茄幼果

图231　幼虫蛀食番茄叶片

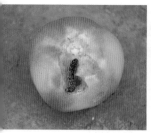

图232　高龄棉铃虫啃食番茄果实

图233　棉铃虫蛀果钻孔易造成孔内积雨水后腐烂

图234　幼虫啃食幼果果皮留下灰色皮痕

【为害习性】棉铃虫和烟青虫为害习性相似。棉铃虫食性很杂，除了为害棉花、玉米、小麦等大田作物之外，也能为害番茄、辣椒、茄子、西瓜、南瓜、豆类、甘蓝等。以幼虫蛀食叶片和幼果，露地二代棉铃虫6月中下旬发生，越夏、露地种植的西甜瓜、茄果类蔬菜、十字花科蔬菜等生长发育期（7月初）均能遭受二代棉铃虫幼虫为害。秋季种植的会在盛果期的9月遭受四代棉铃虫或烟青虫的幼虫为害。防治要抓住卵期、幼虫尚未蛀入果实前。

棉铃虫在我国广泛分布，由北向南1年发生3～7代，在辽宁、河北北部、内蒙古、新疆等地1年发生3代，华北其他地区4代，长江以南5～6代。在华北地区，第一代幼虫为害期为5月下旬至6月下旬，第二代幼虫发生为害盛期在6月下旬至7月，第三代幼虫为害期在8～9月，第四代幼虫主要发生在9月至10月上中旬。棉铃虫各代在中后期发生时代不整齐，在同一时间往往可见到各种虫态，因此，蔬菜只要生育期适合（花、蕾、果），都会受到棉铃虫为害。

棉铃虫的卵为散产，幼虫孵出后，有取食卵壳的习性，所以卵期喷施只有胃毒作用的药剂，例如苏云金芽孢杆菌制剂，也能起到杀虫作用。

棉铃虫幼虫孵化后一直到二龄一直在作物表面取食和爬行，二龄后期钻蛀。所以在钻蛀之前进行喷药防治能收到更好的效果。

【防治关键】

农业防治：结合田间管理，及时整枝打杈，把嫩叶、嫩枝上的卵及幼虫一起带出田外烧毁或深埋；结合采收，摘除虫果集中处理，可减少田间卵量和幼虫量。

诱杀成虫：使用诱虫灯、杨树枝把、糖醋液诱杀成虫可减少田间虫源。

生物防治：在卵高峰时喷施苏云金杆菌（Bt）高含量可湿性粉剂，每667米²300克对水喷雾。在棉铃虫产卵始、盛、

无公害蔬菜病虫害防治实战丛书

末期释放赤眼蜂。每667米^{2}放蜂1.5万头，每次放蜂间隔期3～5天，连续3～4次。

　　根施、滴灌施药：在设施栽培或露地蔬菜中，建议采用一次性灌根施药方式对鳞翅目、刺吸式害虫等进行防控。即在定植缓苗后用30%噻虫嗪·氯虫苯甲酰胺悬浮剂3 000倍液，逐一根部施药或滴灌施药，这样防虫持效期可有近60天，基本上对生长期的害虫达到防控目的，省工、省时、省药，达到安全生产的目的，此方法适用于蔬菜生产中所有害虫防控。

　　药剂防治：虫卵孵化高峰3～4天后，可用Bt粉剂800倍液、20%高效氯氟氰菊酯·氯虫苯甲酰胺悬浮剂1 500倍液、30%噻虫嗪·氯虫苯甲酰胺悬浮剂3 000倍液、40%噻虫嗪·氯虫苯甲酰胺水分散粒剂3 000倍液、5%虱螨脲乳油1 000～1 500倍液、5%灭幼脲乳油1 000倍液、5%多杀霉素乳油1 000倍液、1.0%甲氨基阿维菌素苯甲酸盐乳油1 500～3 000倍液、2.5%高效氯氟氰菊酯水剂1 000倍液、5%氟铃脲乳油1 000倍液、48%多杀霉素乳油2 000倍液、或24%虫螨腈悬浮剂3 000倍液喷雾。

蛞　蝓

图235　蛞蝓啃食番茄果实

【为害状】以幼虫和成虫刮食番茄成熟果实造成缺刻，如图235。排泄粪便污染果实，致使果实腐烂。

【为害习性】蛞蝓软体无壳，体暗灰色或黄白色，喜阴湿。一年发生2～6代。以成体或幼体在作物根部潮湿的土壤里越冬。来年春季为害。一般在北方蛞蝓无法越冬。但是随着日光温室设施蔬菜的栽培和冬季棚室温暖的生长环境，给蛞蝓在北方越冬提供了良好的条件。故蛞蝓已经成为北方设施蔬菜不可忽视的问题。蛞蝓日隐夜出，喜阴暗潮湿环境。高温干旱和积水其生存受到抑制或死亡。

【防治关键】

农业措施：清除田间杂草，中耕，及时排除积水。秋冬季深翻土地晾垡可以消灭越冬蛞蝓。地膜覆盖方式可以有效抑制蛞蝓发生。田边撒施生石灰可阻断蛞蝓进入耕作区域。

药剂防治：6%四聚乙醛颗粒剂每667米^{2}465～665克，混入细沙10千克，均匀撒施在蛞蝓经常出没的地方。或用45%三苯醋酸颗粒剂每667米^{2}40～80克撒施。清晨可用8%四聚乙醛颗粒剂800～1 000倍液喷施。

八、不同栽培季节番茄一生病害防控整体解决方案（大处方）

1. 春季番茄保健性防控方案（2 6月）

定植前用药剂封闭土壤表面，即配制68%精甲霜灵·锰锌水分散粒剂500倍液，对定植田间的定植穴坑进行土壤表面封闭喷施，可有效防控黑根黑脚脖病（茎基腐病），然后再进行如下系统化施药防控程序。

移栽至田间缓苗后，7～10天后开始喷药：

第一步：喷75%百菌清可湿性粉剂一次，每袋100克药对水3桶，7～10天喷1次。可全面预防秧苗期各种病害，百菌清优点是温和，不伤花，不易出现药害（番茄秧苗至开花前期）。

第二步：根灌，25%嘧菌酯悬浮剂，每667米^{2}用50毫升嘧菌酯，对5桶水，20天灌1次。可全面防控番茄叶霉病、灰霉病、早疫病、晚疫病。初花期是嘧菌酯免疫性防病的关键用药时期（番茄第一穗开花坐果期）。

第三步：喷50%咯菌腈可湿性粉剂3 000倍液，每袋3克药对水1桶，14天喷1次。重点防控番茄灰霉病，对番茄幼果进行灰霉病菌绝杀。必须使用50%咯菌腈可湿性粉剂3 000倍液或嘧霉胺1 200倍液喷幼果，以保证最佳防治效果（番茄第一穗坐果的幼果期和第二穗开花期）。

第四步：喷阿加组合，即25%嘧菌酯悬浮剂+47%春雷·王铜可湿性粉剂，每10毫升嘧菌酯+30克春雷·王铜对水1桶，15～20天喷1次。重点防控番茄初果穗期溃疡病和灰霉病、晚疫病（番茄第一穗幼果膨大期和第二穗幼果期，第三穗花期）。

第五步：灌根，25%嘧菌酯悬浮剂，每瓶100毫升药对水150升灌根，每667米^{2}用120毫升药，20～30天灌1次。重点是加强免疫性预防、壮秧，盛果期保秧保果（番茄第一穗幼果初长成，第二、三穗幼果膨大期和第四穗开花期；盛果期，番茄植株和叶片、果实基本长成，搭好丰收促产的基本架构）。

第六步：喷施32.5%吡唑萘菌胺·嘧菌酯悬浮剂1 500倍液，10～14天喷1次。主要防控番茄叶霉病、灰叶斑病及因温室温差大易发生的各种病害（成熟转色陆续上市收获期，发挥保驾护航作用）。

2. 秋季番茄绿色防控方案（7 10月）

移栽至田间缓苗后，7～10天后开始喷药：

第一步：沟施撒药土。移栽前随定植沟每667米^{2}撒施30亿活芽孢/克枯草芽孢杆菌可湿性粉剂1 000克（1千克），拌药土于沟畦中（强健根系，刺激根系活性）。

第二步：定植后对植株地面喷淋68%精甲霜灵·锰锌可分散粒剂500倍液，或6.25%咯菌腈·精甲霜灵悬浮剂20毫升对1桶水。

土壤表面进行药剂封闭处理：喷施穴坑或垄沟（此步防控番茄茎基腐病和立枯病）。

第三步：灌根，25%嘧菌酯悬浮剂10毫升（1袋）对1桶水，每667米^{2}用50～60毫升药，35天灌1次（此步为保健性防控，防控叶霉病和早期灰叶斑病，壮秧保果）。

第四步：喷阿加组合，即25%嘧菌酯悬浮剂+47%春雷·王铜可湿性粉剂，每10毫升嘧菌酯+30克春雷·王铜对1桶水，15～20天喷1次（此步加强防控番茄果穗期溃疡病、叶霉病和灰叶斑病，是嘧菌酯免疫性防病的关键用药时期）。

第五步：喷32.5%吡唑萘菌胺·嘧菌酯悬浮剂或10%苯醚甲环唑水分散粒剂10克（1袋）对1桶水，7～10天1次，也可用25%双炔酰菌胺悬浮剂1 000倍液（根据雨水情况选择苯醚甲环唑防叶霉病或双炔酰菌胺防晚疫病）。

第六步：灌根，每667米^{2}用25%嘧菌酯悬浮剂100～120

毫升对12桶水淋灌植株或随小水冲灌，30天灌1次（此步在盛果期保驾护航，壮秧强果）。

第七步：喷32.5%吡唑萘菌胺·嘧菌酯悬浮剂1 500倍液，每667米^{2}用药30毫升（此时基本为丰收后期）。

注释：春秋两季，有条件的园区建议采用振荡授粉技术。

3. 越冬番茄绿色防控整体技术方案（10月至翌年5月）

第一步：沟施撒药土。移栽前随定植沟每667米^{2}撒施30亿活芽孢/克枯草芽孢杆菌可湿性粉剂1 000克（1千克），拌药土于沟畦中（强健根系，刺激根系活性）。

第二步：定植后对植株地面喷淋68%精甲霜灵·锰锌水分散粒剂500倍液，或6.25%咯菌腈·精甲霜灵悬浮剂20毫升对1桶水。土壤表面进行药剂封闭处理：喷施穴坑或垄沟（此步防控番茄茎基腐病和立枯病）。

第三步：灌根，25%嘧菌酯悬浮剂10毫升（1袋）对1桶水，每667米^{2}用50~60毫升药，35天灌1次（此步为保健性防控，防控叶霉病和早期灰叶斑病，壮秧保果）。

第四步：喷阿加组合，即25%嘧菌酯悬浮剂+47%春雷·王铜可湿性粉剂，每10毫升嘧菌酯+30克春雷·王铜对1桶水，15~20天喷1次（此步加强防控番茄冬季果穗期溃疡病、细菌性斑疹病、叶霉病和灰叶斑病，是嘧菌酯免疫性防病的关键用药时期）。

第五步：喷32.5%吡唑萘菌胺·嘧菌酯悬浮剂或10%苯醚甲环唑水分散粒剂10克（1袋）对1桶水，7~10天1次，也可用25%双炔酰菌胺悬浮剂1 000倍液（根据雨水情况选择吡唑萘菌胺·嘧菌酯防叶霉病、灰叶斑病或双炔酰菌胺防晚疫病）。

第六步：灌根，每667米^{2}用25%嘧菌酯悬浮剂100~120毫升对12桶水淋灌植株或随小水冲灌，30天灌1次（此步在盛果期保驾护航，壮秧强果）。

第七步：32.5％吡唑萘菌胺·嘧菌酯悬浮剂1 500倍液，每667米²用药30毫升喷雾（此时基本为丰收后期）。

第八步：喷32.5％嘧菌酯·苯醚甲环唑悬浮剂1 000倍液，或每667米²根施25％嘧菌酯悬浮剂150毫升。可以根据后期市场价格选择保持后期果实健康而继续灌根施药，延长果实采摘期，或是终止防控。

到收获基本不再用药。

九、生产中容易出现问题的环节处置方案（小处方）

1. 种子药剂包衣防病处方

用6.25%咯菌腈·精甲霜灵10毫升，对水150～200毫升可包衣3～4千克种子，可有效防治苗期立枯病、炭疽病、猝倒病；或50℃温水浸种20分钟后用75%百菌清可湿性粉剂浸泡30分钟后播种。

2. 苗床药土处方

取没有种过蔬菜的大田土与腐熟的有机肥按6：4混匀，并按每立方米苗床土加入68%精甲霜灵·锰锌水分散粒剂100克和2.5%咯菌腈悬浮剂100毫升拌土一起过筛混匀。用处理后的土壤装营养钵或铺在育苗畦上，可以预防苗期立枯病、炭疽病和猝倒病，并在种子播种覆土后，用68%精甲霜灵·锰锌水分散粒剂400倍液喷洒苗床表面，进行封闭。有较好的预防苗期病害的作用。

3. 穴盘营养基质消毒处方

穴盘营养基质按体积计算草炭：蛭石为2：1，每立方米基质加入氮、磷、钾比例为15：15：15的三元复合肥1～1.5千克（如果是冬春季节育苗，每立方米基质或1 000千克基质要加入氮：磷：钾为15：15：15的复合肥2千克），同时加入100克的68%精甲霜灵·锰锌可分散粒剂和100毫升2.5%咯菌腈悬浮剂做杀菌处理。

4. 农家肥的发酵处理

将未腐熟的鸡、鸭、马、牛、猪粪在卸车时掺入腐菌酵素，每2～3米³农家肥+500千克粉碎后的秸秆+腐菌酵素1袋

（2千克）拌匀，用废弃的塑料膜或泥土盖好封严，10～15天即可完全发酵，而后随时使用，不会产生肥害。

5. 新建棚室土壤改良方案

每667米^{2}用6～8米^{3}农家肥加6千克腐菌酵素混合均匀施于棚内，深耕土壤可改良新建棚室土壤通透性及活性。7～10天后可定植作物。

6. 高温闷棚杀菌处理程序

对于连年重茬种植蔬菜的棚室，要想保持作物的生长环境，必须高度保持土壤的有机质含量和土壤的吸附活性，建立可持续种植的植物生长环境。其步骤是：

洁净棚室：在6～7月，上茬作物收获后，清除作物残体，除尽田间杂草，运出棚外集中深埋或烧毁。

铺施闷棚填充物：铺撒作物秸秆及农作物废弃物。将作物秸秆如玉米秸、麦秸、稻秸等利用器械截成3～5厘米的寸段，玉米芯、废菇料等粉碎后，以每667米^{2}1 000～3 000千克用料量均匀地铺撒在棚室内的土壤或栽培基质表面。

铺施有机肥：用量可根据土壤肥力、下茬作物种类及种植模式选择决定。将鸡粪、猪粪、牛粪等腐熟或半腐熟的有机肥每667米^{2}3 000～5 000千克，均匀铺撒在秸秆或麦秸等松软物上，也可与作物秸秆充分混合后铺撒。同时拌入氮、磷、钾有效含量为15∶15∶15的三元复合肥30千克或磷酸二铵15千克（也可用10千克尿素加40千克过磷酸钙）和硫酸钾15千克。

撒施速腐剂：施入速腐剂如腐菌酵素，每3米^{3}混用2千克，深翻25～40厘米，后整地做成利于灌溉的平畦。

灌水：已施入农家肥、秸秆、尿素和速腐剂的棚室，再灌水至土壤充分湿润，相对湿度达到85%左右（地表无明水，用手攥土团不散即可）。

双层覆盖：地面覆盖，可选用地膜或其他塑料薄膜覆盖地面。密封各个接缝处。棚室覆盖物，封闭棚室并检查棚膜，修补破口漏洞，并保持清洁和良好的透光性。

闷棚时间：密闭后的棚室，保持棚内高温高湿状态25～30天，其中至少有累计15天以上的晴热天气。高温闷棚期间应防止雨水灌入棚室内。闷棚可以持续到下茬作物定植前5～10天。

揭膜晾棚：打开通风口，揭去地膜晾棚。待地表干湿合适后，可整地做畦为下茬作物栽培做准备。

7. 越冬栽培的补光充氮措施

北方冬季昼短夜长，设施蔬菜生长受到制约，尤其是在阴霾天、雨雪连阴天，植株长期生存在弱光阴冷环境下，一旦天气晴好，作物时常发生生理性萎蔫，恢复生长状态缓慢而艰难。生产中常用补充灯光照射和墙体贴反光膜来增加光照，延长白昼时间，效果比较理想。方法是：架设植株生长灯，每5延长米架设一盏，早晚各延长灯光照射2小时，同时在后墙上铺贴反光膜，以增加日光照射。同时架设二氧化碳释放器，增强植株光合作用，促进设施蔬菜健壮生长。

8. 种植后的肥害补救方案

（1）底肥已经施入未腐熟农家肥的补救。设施蔬菜定植前，若已经施入未腐熟农家肥，可追施腐菌酵素，按照每2～3米^{3}未腐熟农家肥掺入2千克腐菌酵素的比例撒施，旋耕后浇小水，3天后即可定植。棚室内无臭味熏棚。

（2）苗期农家肥烧苗的补救。用30亿活芽孢/克枯草芽孢杆菌500倍液灌根，每667米^{2}用药200克在苗期第一次浇灌时随水冲施。或每667米^{2}大棚使用4千克腐菌酵素，补充土壤中优质微生物，减轻农家肥烧苗现象。

（3）定植后肥害的补救。底施生粪造成烧苗，可用腐菌酵素缓解肥害，每2千克腐菌酵素可随水冲施3分地；或利用腐菌酵素灌根，每2千克腐菌酵素对50千克水，灌1 000棵苗；或用

2 000倍液的地福来海藻菌液浇灌，可缓解秧苗肥害。

9. 幼苗壮秧防病

蔬菜幼苗出齐长出真叶后，可以对其进行健壮防病生物菌药处理。即采用生物激活剂55%益施帮水乳剂500倍液喷施，或用30亿活芽孢/克枯草芽孢杆菌200倍液淋灌幼苗，可起到抗寒保苗促壮作用。提示：不提倡使用化学农药，以避免对幼苗造成药害。

10. 育苗期防控病毒病

首先，设施棚室风口加设50目防虫网；其次，棚室内设置黄板诱杀传毒媒介害虫，每667米^{2}设30块；第三，用强内吸杀虫剂35%噻虫嗪悬浮剂2 000～3 000倍液喷淋幼苗，使药液除叶片以外还要渗透到土壤中。农民自己的育苗畦可用喷雾器直接淋灌，持续有效期可达30天以上，有很好的防治传毒媒介害虫的作用。

11. 秧苗抗寒、解药害、阴霾天气植株生长调理措施

设施蔬菜在弱光、寒冷、药害等极端条件下经常会生长异常。可以使用生物营养液调节，增强植株肥水吸收活力，同时可尝试选用生物活性动力素益施帮500倍液，或内源生长调节剂赤·吲乙·芸2 000倍液喷施叶片，可收到一定效果。

12. 移栽苗防茎基腐病（黑脚脖病）

定植前用药剂封闭土壤表面，即配制68%精甲霜灵水分散粒剂500倍液，或使用6.25%咯菌腈·精甲霜灵悬浮剂500倍液，对定植田间进行封闭土壤表面喷施，而后进行秧苗定植，这种方法是当前菜农科技示范户在实践中总结出来的最有效的防控茎基腐病（黑脚脖病）的经验。

十、番茄主要生育期病虫害防治历

生育期	易发病虫害	防治对策	栽培模式	绿色防控药剂救治
育苗/定植前	土传病害 猝倒病 立枯病 炭疽病 根腐病	土壤消毒 使用一次性无菌基质土 生物农药淋盘	越冬栽培 冬早春栽培 春提前栽培 春季栽培	50千克苗床土加20克68%精甲霜灵·锰锌水分散粒剂和10毫升2.5%咯菌腈悬浮剂拌土过筛混匀，可装营养钵或铺育苗畦上
				30亿活芽孢/克枯草芽孢杆菌可湿性粉剂100倍液淋盘
	寒害	保暖、除湿	越冬栽培、冬春定植	30亿活芽孢/克枯草芽孢杆菌可湿性粉剂100倍液或益施帮25毫升喷施抗寒
	溃疡病 斑疹病			77%氢氧化铜可湿性粉剂600倍液、25%细菌灵片剂400倍液、47%春雷·王铜可湿性粉剂800倍液
移栽定植	茎基腐病 根腐病	种植沟穴土壤杀菌剂封闭杀菌降湿	越冬栽培 冬春茬栽培 早春栽培及任何茬口	68%精甲霜灵·锰锌水分散粒剂600倍液浸盘或淋灌、72%霜脲·锰锌可湿性粉剂800倍液、69%烯酰吗啉可湿性粉剂600倍液喷施
				30亿活芽孢/克枯草芽孢杆菌可湿性粉剂100倍液沟施淋药
	寒害	多膜保温注意降低湿度		3.4%赤·吲乙·芸可湿性粉剂7 500倍液
				90%氨基酸复费微肥400倍液喷施抗寒
	线虫病	定植前沟施药剂		10%噻唑磷颗粒剂每667米^{2}1.5千克
	蚜虫 烟粉虱	药液浸盘，土壤表层药剂处理，药剂淋灌	冬早春栽培 春提前栽培 春季栽培	35%噻虫嗪悬浮剂3 000倍液喷淋或淋根
				设置防虫网，设置黄板诱杀
	细菌性斑疹病 溃疡病	预防为主	越冬栽培 早春栽培	40%春雷·王铜可湿性粉剂500倍液、50%噻唑锌悬浮剂600倍液、链霉素800万单位或600倍液
				40%中生菌素可湿性粉剂400倍液

生育期	易发病虫害	防治对策	栽培模式	绿色防控药剂救治
开花期	灰霉病	根施嘧菌酯整体防控 蘸花用药	越冬栽培 春季栽培	50%咯菌腈可湿性粉剂3 000倍液、50%嘧霉环胺水分散粒剂1 200倍液、乙霉威可湿性粉剂600倍液混入蘸花药液中喷施
	菌核病 晚疫病 早疫病	根施嘧菌酯整体防控	越冬栽培 春季栽培	25%嘧菌酯悬浮剂1 500倍液根施，每667米^{2}用药60～100毫升，灌根或水肥药一体化施入
				10%苯醚甲环唑水分散粒剂1 000倍液、32%吡唑萘菌胺·嘧菌酯悬浮剂1 200倍液、75%百菌清可湿性粉剂600倍液
	溃疡病 斑疹病			25%嘧菌酯悬浮剂1 500倍液+47%春雷·王铜可湿性粉剂400倍液喷施
				50%噻唑锌悬浮剂800倍液、25%吗啉胍可湿性粉剂400倍液、77%氢氧化铜可湿性粉剂1 000倍液、47%春雷·王铜可湿性粉剂喷施
	烟粉虱 蚜虫 蓟马	根施或喷施 清除杂草，架设防虫网	越冬栽培 春季栽培 冷拱棚栽培	25%噻虫嗪水分散粒剂2 000～3 000倍液、10%吡虫啉可湿性粉剂1 000倍液
坐果期 盛果期	晚疫病 溃疡病 灰叶斑病 叶霉病 早疫病	喷施阿加组合 对灰霉病幼果表面进行病菌绝杀	冬春栽培 春季栽培 大拱棚栽培	25%嘧菌酯悬浮剂1 500倍液+春雷·王铜或嘧菌酯+噻唑锌
				32%吡唑萘菌胺·嘧菌酯悬浮剂1 200倍液、10%苯醚甲环唑水分散粒剂1 000倍液、32.5%苯醚甲环唑·嘧菌酯悬浮剂1 000倍液
	蚜虫、白粉虱	保健性防控二次根施用药、参考大处方灌根	任何种植模式	25%嘧菌酯悬浮剂200毫升+30%噻虫嗪·氯虫苯甲酰胺悬浮剂每667米^{2}60毫升根施或滴灌
	线虫病			定植时10%噻唑磷颗粒剂每667米^{2}1.5千克撒施

113

十、番茄主要生育期病虫害防治历

无公害蔬菜病虫害防治实战丛书

无公害蔬菜病虫害防治实战丛书 番茄疑难杂症图片对照诊断与处方 第3版

生育期	易发病虫害	防治对策	栽培模式	绿色防控药剂救治
收获期	叶霉病	基本不再用药；可以酌情选择喷施用药	春季栽培大拱棚栽培冬早春栽培	32%吡唑萘菌胺悬浮剂1 500倍液喷施
	晚疫病			25%嘧菌酯悬浮剂1 500倍液＋68%精甲霜灵·锰锌水分散粒剂600倍液，或72%霜脲·锰锌可湿性粉剂700倍液
	灰叶斑病白粉病			32%吡唑萘菌胺悬浮剂1 500倍液、10%苯醚甲环唑水分散粒剂800倍液、42.4%氟吡菌酰胺·肟菌脂悬浮剂
	细菌性叶斑病			25%噻唑锌可湿性粉剂400倍液

十一、番茄易发生理性病害补救措施一览表

生理病害	原因	对策	施用剂量及调节药剂
缺氮	施肥不足，土质流失过大	增施有机肥，叶面喷施益施帮、叶绿宝	底肥冲施含氮复合肥，喷施益施帮、叶绿宝、叶优优
氮过剩	肥水管理不当	加施磷、钾肥，增加灌水，淋失硝态氮	增施生物有机肥，冲施海藻菌肥
缺磷素	在酸性土壤中镁易被固定，影响磷被吸收	补施磷肥，加施镁肥	磷酸二氢钾0.3%～0.5% 底肥施足磷肥
磷过剩	磷只能被吸收20%～30%，过量磷肥	补施锌、锰、铁及氮钾肥	螯合锌、螯合镁、铁等
缺钾	黏质和沙性土壤，钾易被固定	补施钙、镁，施磷酸二氢钾	增施高钾卡丁肥、生物钾肥。施磷酸二氢钾、螯合镁
钾中毒	抑制了镁吸收	流水灌溉，施镁肥	康培营养素、绿芬威、螯合镁、海藻菌缓解
缺钙	酸性土壤，化肥田，盐渍化土壤	调节pH，施石灰粉，叶喷肥，秸秆还田	50%镁钙镁、绿得钙、0.3%氯化钙液、康培营养素、螯合钙
钙中毒	土壤碱性，各种元素都缺	使用酸性肥料，增加灌水次数	硫酸铵、硫酸钾、氯化钾、花果宝
缺镁	酸性土壤，钾过量，阳离子易被固定	改良土壤，叶面喷施补镁	50%镁钙镁叶面肥、1%～2%硫酸镁液、康培营养素、螯合镁、果优优、花果宝
镁中毒	土壤盐渍化，镁被固定	除盐、浇水。下茬种高粱	增施有机肥
缺硼	有机肥少，土壤碱性大，降低硼吸收	增施有机肥，补硼	喷施新禾硼、持力硼、昆卡微量元素套餐包
硼中毒	污染，施硼肥过量	灌大水，种耐硼蔬菜，甘蓝、萝卜	增加土壤通透性，加大秸秆还田

生理病害	原因	对策	施用剂量及调节药剂
缺铁	碱性、盐性土壤。土过干、过湿及低温	改良土壤，雨后排水，补铁，叶施	益施帮400倍液 氨基酸复合微肥400倍液、0.1％～0.2％硫酸亚铁或氯化铁液
铁中毒	人为过量施用或微生物活动$Fe^{+3} \rightarrow Fe^{+2}$	增施钾肥，提高根的活性	康培营养素、绿芬威等
缺锰	酸性、盐类土	补施锰肥，氧化锰、硫酸锰，叶施	益施帮400倍液 氨基酸复合微肥400倍液、0.1％～0.3％硫酸锰液或0.1％氯化锰
锰中毒	污染、淹水、酸性土	施石灰质肥料，增施磷肥、高畦栽培	益施帮400倍液 氨基酸复合微肥400倍液、0.02％钼酸钠液
缺钼	锰多钼缺，酸性土，铁多土壤偏酸	加石灰质肥料，补钼，叶施	益施帮400倍液 氨基酸复合微肥400倍液、0.02％钼酸钠液、康培营养素
钼中毒	含"三废"土壤污染	适当补施硫酸亚铁肥	康培营养素 洗田，晾垡
缺锌	高碱性土，磷肥过多	调节pH 6..5、补锌	益施帮400倍液 氨基酸复合微肥400倍液、0.3％硫酸锌或康培营养素
锌中毒	环境污染、土壤酸性	增施有机肥，改良土壤、换土	增施农家肥
缺铜	土壤中活性铜被吸附或鳌合	叶施0.2％～0.4％硫酸铜液	加施含铜农药，波尔多液等
铜中毒	污染、人为过量施用含铜化合物、土壤碱化	施绿料，增施铁、锰、锌肥	益施帮400倍液 氨基酸复合微肥400倍液，增施生物菌肥 康培营养素
缺硫	长期施用无硫酸根的肥料	施用硫酸铵、硫酸钾等含硫化肥	益施帮400倍液 氨基酸复合微肥400倍液、康培营养素2号
硫中毒	硫酸性肥料过多、工业区酸雨影响	按盐渍化土壤处理，改良土壤	增施农家肥

十二、常用农药通用名称与商品名称对照表

作用类型	商品名称	通用名称	剂 型	含量(%)	主要生产厂家
杀菌剂	金雷	精甲霜·灵锰锌	水分散粒剂	68	先正达
杀菌剂	瑞凡	双炔菌酰胺	悬浮剂	25	先正达
杀菌剂	银法利	氟吡菌胺·霜霉威盐酸盐	水剂	68.75	拜耳
杀菌剂	世高	苯醚甲环唑	水分散粒剂	10	先正达
杀菌剂	适乐时	咯菌腈	悬浮剂	2.5	先正达
杀菌剂	达克宁	百菌清	可湿性粉剂	75	先正达
杀菌剂	多菌灵	多菌灵	可湿性粉剂	50	江苏新沂
杀菌剂	甲基托布津	甲基硫菌灵	可湿性粉剂	70	日本曹达、国内企业等
杀菌剂	克抗灵	霜脲·锰锌	可湿性粉剂	72	河北科绿丰
杀菌剂	霜疫清	霜脲·锰锌	可湿性粉剂	72	国内企业
杀菌剂	杀毒矾	噁霜·锰锌	可湿性粉剂	64	先正达
杀菌剂	普力克	霜霉威	水剂	72.2	拜耳
杀菌剂	阿米西达	嘧菌酯	悬浮剂	25	先正达
杀菌剂	好力克	戊唑醇	悬浮剂	43	德国
杀菌剂	山德生	代森锰锌	可湿性粉剂	80	先正达
杀菌剂	大生	代森锰锌	可湿性粉剂	80	陶氏
杀菌剂	阿米多彩	百菌清·嘧菌酯	悬浮剂	56	先正达
杀菌剂	农利灵	农利灵	干悬浮剂	50	巴斯夫
杀菌剂	多霉清	乙霉威·多菌灵	可湿性粉剂	50	保定化八厂
杀菌剂	利霉康	乙霉威·多菌灵	可湿性粉剂	50	河北科绿丰
杀菌剂	阿米妙收	苯醚甲环唑·嘧菌酯	悬浮剂	32.5	先正达
杀菌剂	加瑞农	春雷·王铜	可湿性粉剂	47	新加坡利农
杀菌剂	加收米	春雷霉素	水剂	2	江门植保
杀菌剂	金普隆	精甲霜灵	可湿性粉剂	35	先正达
杀菌剂	细菌灵	链霉素·琥珀铜	片剂	25	齐齐哈尔
杀菌剂	凯泽	啶酰菌胺	可湿性粉剂	50	巴斯夫
杀菌剂	阿克白	烯酰吗啉	可湿性粉剂	50	巴斯夫
杀菌剂	百泰	吡唑醚菌酯·代森联	水分散粒剂	65	巴斯夫
杀菌剂	克露	霜脲锰锌	可湿性粉剂	72	杜邦
杀菌剂	绿妃	吡唑萘菌胺·嘧菌酯	悬浮剂	32.5	先正达
杀菌剂	露娜森	氟吡菌酰胺·肟菌酯	悬浮剂	42.8	拜耳

作用类型	商品名称	通用名称	剂　　型	含量（%）	主要生产厂家
杀菌剂	健达	氟唑菌酰胺·吡唑醚菌酯	悬浮剂	42.4	巴斯夫
杀菌剂	链霉素	农用硫酸链霉素	可湿性粉剂	1 000万单位	河北科诺
杀菌剂	菜菌净	枯草芽孢杆菌	可湿性粉剂	30亿活芽孢	河北科绿丰
杀菌剂	恶霉灵	敌克松·多菌灵	可湿性粉剂	98	山东企业
杀菌剂	爱苗	苯醚甲环唑·丙环唑	乳油	30	先正达
杀菌剂	可杀得	氢氧化铜	可湿性粉剂	77	美国杜邦
杀菌剂	凯润	吡唑醚菌酯	乳油	25	巴斯夫
杀菌剂	品润	代森锌	干悬浮剂	70	巴斯夫
杀菌剂	福气多	噻唑磷	颗粒剂	10	浙江石原
杀菌剂	施立清	噻唑磷	颗粒剂	10	河北威远
杀菌剂	速克灵	腐霉利	可湿性粉剂	50	日本住友
植物生长调节剂	九二〇	赤霉素	晶体	75	上海同瑞
植物生长调节剂	益施帮	氨基酸活性剂	水剂	55	先正达
植物生长调节剂	碧护	赤·吲乙·芸	可湿性粉剂	3.4	德国马克普兰
杀虫剂	阿克泰	噻虫嗪	水分散粒剂	25	先正达
杀虫剂	锐胜	噻虫嗪	悬浮剂	35或70	先正达
杀虫剂	美除	虱螨脲	乳油	5	先正达
杀虫剂	四螨嗪	联苯菊酯	乳油	70	富美食公司国内企业
杀虫剂	吡虫啉	吡虫啉	可湿性粉剂/乳油	10	威远生化/江苏红太阳等
杀虫剂	虫螨克星	阿维菌素	乳油	1.8	威远生化
杀虫剂	帕力特	虫螨腈	悬浮剂	24	巴斯夫
杀虫剂	功夫	高效氯氟氰菊酯	水剂	2.5	先正达
杀虫剂	度锐	噻虫嗪·氯虫苯甲酰胺	悬浮剂	30	先正达
杀虫剂	福戈	噻虫嗪·氯虫苯甲酰胺	水分散粒剂	40	先正达
杀虫剂	美除	虱螨脲	乳油	5	先正达
杀虫剂	艾绿士	乙基多杀霉素	水分散粒剂	48	陶氏
杀虫剂	可立施	氟啶虫胺腈	水分散粒剂	50	陶氏
杀线虫剂	路富达	氟吡菌酰胺	悬浮剂	41.7	拜耳